ANDRE WESTERKAMP

Praxishandbuch Fangjagd

FANGPLÄTZE, KÖDER, FALLENBAU

KOSMOS

☞ Inhalt

DAS KOSTENLOSE EXTRA: DIE KOSMOS-PLUS-APP FÜR DIGITALE ZUSATZINHALTE

Dieses Buch bietet Ihnen weitere digitale Inhalte, die im Buch durch dieses Symbol 123 gekennzeichnet sind.

Und so geht's

1. Besuchen Sie den App Store oder Google Play.
2. Laden Sie die kostenlose App „KOSMOS-PLUS" auf Ihr Mobilgerät.
3. Wählen Sie in der App Ihr Buch aus.
4. Schalten Sie die Inhalte mit folgendem Code frei: Falle
5. Laden Sie sich die Inhalte zum Buch „Praxishandbuch Fangjagd" herunter.
6. Auf den Seiten mit dem Symbol 123 können Sie Zusatzmaterial zum Thema ansehen. Dazu geben Sie den dort genannten Zahlen-Code in die App ein oder suchen in der Medienliste den entsprechenden Inhalt.

Mehr Informationen finden Sie unter plus.kosmos.de

FANGJAGD IM WANDEL

Die Jagd, insbesondere die Jagd mit Fallen, gleicht heute dem Balanceakt zwischen Tier- und Artenschutz. Die Regulation einzelner invasiver Arten, deren Ausbreitung in den vergangenen Jahren trotz intensiver Bejagung nicht umkehrbar war, stellt die Revierinhaber vor fast unlösbare Aufgaben. Das seinerzeit aus der Pelzgewinnung entstandene Handwerk der Fallenjagd und der daraus resultierende Erfolg, Niederwild im Revier erfolgreich zu unterstützen, könnten der Vergangenheit angehören. Noch sind die Pelzpreise für den Ankauf von Rohfellen für Arten wie Stein- und Baummarder annähernd stabil, jedoch scheint eine Verwertung z. B. von Nutriabälgen fast aussichtslos. Die derzeit in der Bundesrepublik erlegten über 115.000 Nutria zeigen auf, welche Aufgaben auf die Jägerschaft in der Zukunft zukommen. Insbesondere Nutria stellen neben Waschbären und Marderhunden die größte Herausforderung für die Bejagung dar. Und das gilt nicht nur für die Jagd mit der Falle! Diese sogenannten intensiven Arten tauchen seit einigen Jahren immer wieder in den Medien auf, wenn über Fangjagd berichtet wird. Die enorme Verbreitung, resultierend aus den menschlichen Verfehlungen durch das Freilassen bzw. Ansiedeln gebietsfremder Arten, ist ein von Menschen gemachtes Problem. Nur mit Hilfe von qualifizierten Jägern kann diesem Problem entgegengewirkt werden. Gleichzeitig haben auch Biber und Fischotter wieder zurück in deutsche Reviere gefunden. Die in der Vergangenheit getroffenen Maßnahmen für den Artenschutz tragen hier erste Früchte.

Die rasante Nutria-Verbreitung schafft ernste Probleme. Effektiv kann nur die Fangjagd gegensteuern.

Schlagfallen waren einst im Bereich der Fangjagd gang und gäbe. In der heutigen Zeit ist diese Art von Fallen aus vielerlei Sicht abzulehnen. Dass heute immer noch in einigen Gebieten Drahtkörbe und Schlagfallen für die Jagd auf Schädlinge in den Revieren geduldet werden müssen, ist aus tierschutz- und artenschutzrechtlicher Sicht nicht nachvollziehbar. Diese von Bisamfängern praktizierte Fallenjagd ist und bleibt ein Verstoß gegen geltendes Recht. Billigend in Kauf zu nehmen, dass sich Jungnutria gleich mitfangen, ist als strafbare Handlung zu bewerten. Nicht in allen Bundesländern unterliegt der Nutria dem Jagdrecht, hier sollte zwingend Abhilfe geschaffen werden. Gleichzeitig sollte es den Jägern per Verordnung in Zukunft gestattet werden, Bisam zu erlegen.
Waschbärpopulationen wachsen in einigen Städten und Regionen derart stark an, dass sich angestellte Jäger um den Fang in befrie-

Längst sind Fuchs und Marder in unsere Wohngebiete eingewandert. Eine Regulation findet kaum noch statt.

deten Bezirken kümmern müssen. Die zeitgemäße Fallenjagd wird in Zukunft daran gemessen, ob es gelingen wird, die urbanen Bereiche nachhaltig mitzubejagen. Auch hier stellt sich die Frage, wie es den Jägerschaften vor Ort gelingen kann, ein Prädatorenmanagement mithilfe der Revierinhaber zu initiieren. Marderhunde, die ebenfalls durch Menschenhand in unseren Revieren eine Bleibe gefunden haben, lassen sich neben der Büchse effektiv mit Rohrfallen bejagen. Zwingend notwendig ist es, neben den Jagdgenossenschaften auch die staatlichen Institutionen wie beispielsweise Forstämter mit einzubinden. Alle Reviere müssen sich an der Bejagung invasiver Arten beteiligen. Nur die flächendeckende, nachhaltige Bejagung invasiver Arten führt langfristig zu erkennbaren Erfolgen.

Die Kosten für die Fangjagd sind durch hochmoderne Fallensysteme und Meldeeinrichtungen in den vergangenen Jahren enorm gestiegen. Doch der damit erzielte Erfolg unterstreicht die Bedeutung der modernen Technik. Die Forderung einiger Personenkreise, die Jagd, insbesondere die Jagd mit Fallen, zu verbieten, wäre eine Bankrotterklärung gegenüber dem Naturschutz. Ohne eine nachhaltige Bejagung durch den Menschen werden die Probleme im Artenschutz nicht in den Griff zu bekommen sein. Doch insbesondere die Fangjagd sollte nur von ausgebildeten Fachleuten durchgeführt werden. Dazu gehört, dass sich Jäger nach dem Ablegen der Jagdscheinprüfung beispielsweise im Rahmen von Seminaren stetig weiterbilden. Das vorliegende Buch möge ein Ansporn für jeden Jäger sein sich weiter intensiv mit dem Handwerk der Fallenjagd auseinanderzusetzen.

Andre Westerkamp

DIE ENTWICKLUNG DER FANGJAGD

VON DER FANGGRUBE ZUR HIGHTECH-FALLE

Das Jagen mit Fallen und deren Herstellung ist so alt wie die Menschheit selbst. Vor ca. 400 000 Jahren begannen unsere Urahnen im heutigen Afrika mit dieser Form der Jagd.

Die Entstehungsgeschichte der menschlichen Jagdkultur ist eng mit der Notwendigkeit verbunden, Tiere zu fangen und zu erlegen. Beutemachen ist einer von vielen Urtrieben eines jeden Menschen. Mit Fallen wurden die ersten Menschen zur Jagd geführt. Die Pelzgewinnung gehörte zur Existenzgrundlage jedes Familienverbandes. Nur durch das Tragen von Tierfellen konnten Menschen lange Zeit überleben.

Im Verlauf der kulturellen Entwicklung der Menschheit hat sich die Jagd, insbesondere die Fangjagd, bis zum heutigen Tag jedoch einschneidend verändert und sie wird das auch weiterhin tun.

Ohne Fallenjagd und Jagd wäre die Entwicklungsgeschichte des Menschen nicht möglich gewesen.

HISTORISCHE FANGGERÄTE

Die Entstehung der Fangtechniken stammt aus der Zeit, als das Tragen der Felle dem Schutz vor Kälte diente und das erlegte Wild zum Überleben notwendig war. Den Fallen als Werkzeug kam eine Bedeutung als tragendes Element zur Existenzsicherung zu.

Der körperliche und materielle Einsatz musste minimal, der Erfolg sollte maximal sein. Dieses Prinzip ist in der Wirtschaft heute ein tragendes Fundament der Produktion.

AM ANFANG STAND DIE FALLGRUBE

Das Graben von Fallgruben mit den Schulterblättern von Großsäugern bot eine Möglichkeit, Wild mit den am Boden der Grube platzierten Speeren zu erbeuten und vielleicht sogar sofort zu töten. Zumindest jedoch war das Tier so weit bewegungsunfähig, dass es mit einfachen Maßnahmen zur Strecke gebracht werden konnte. In der heutigen Zeit

In prähistorischer Zeit diente der Fang von wilden Tieren dem Überleben. Felle, Fleisch und Tiernknochen waren für die Entwicklung des Menschen essenziell.

ein irrsinniger Gedanke: irgendwo im Wald eine Grube auszuwerfen, um Wildschweine darin zu fangen! Zumal das nach dem Tierschutzgesetz und dem Bundesjagdgesetz verboten ist.

Eine grundlegende Entwicklung zeigt dieses Beispiel außerdem. Eine Falle wird heute von sachkundigen Jägern so aufgebaut und gestellt, dass weder Mensch noch Tier unbeabsichtigt in Gefahr geraten. In der grauen Vorzeit unserer Ahnen hatte dies keine Bedeutung. In der Zeit der Fallgruben stand die Menschheitsentwicklung noch am Anfang. Die Begriffe Bevölkerungsdichte und Kulturlandschaft fielen erst geraume Zeit später und gewannen mehr und mehr an Bedeutung.

SCHLINGEN UND STELLGABELN

Bevor zu Anfang des 19. Jahrhunderts zunehmend Eisen und Blattfedern verwendet wurden, stellte der Mensch über Jahrmillionen Schlingen oder beköderte Stellgabeln, die nach Prügelfallenart auslösten – eine ganz einfache Lösung. Mithilfe von Sehnen, zumeist aus den Beinen von Beutetieren entnommen, konnten solche Fallen auch mit feinen Schnüren gefertigt werden.

01

DIE ERSTEN EISEN

Im 19. Jahrhundert schritt die Entwicklung der Fallen weit voran, denn während der Industrialisierung wurden neue Werkstoffe und Materialien verfügbar gemacht. Diese Materialien eigneten sich auch ganz hervorragend für den Bau von Fallen und wurden für deren Weiterentwicklung ausschlaggebend. Bestes Beispiel dafür sind die aus jenem Jahrhundert stammenden Federn, aus denen die Schlageisen, in der Regel Tellereisen, gefertigt wurden.
Solche Eisen findet man heute nur noch in Sammlungen oder, einfach vergessen, irgendwo in alten Scheunen. Einstmals aber gehörten die nicht gerade preiswerten Tellereisen auf jedes bäuerliche Gehöft, um damit Füchse zu fangen.

SINGVOGELFANG

Die für Haus und Hof gebräuchlichsten Fallen waren dagegen wesentlich einfacher zu beschaffen. In Schlingen aus Pferdehaar wurden Vögel (Wacholderdrosseln) gefangen, die den Speiseplan der Menschen während schlechter Zeiten bereicherten. Gierig, wie die hungrigen Drosseln auf die roten Beeren der Stechpalme reagierten, waren sie leicht zu fangen. Besonders Schneelagen und strenge Nachtfröste brachten tagsüber sehr gute Fangergebnisse.
Wer fleißig Beeren sammelte und in die sogenannten Dohnen aufhängte, verdiente sich so einige Pfennige dazu. Die Fallen kosteten wenig. Lediglich das Organisieren der Pferdeschweife musste in den Kriegsjahren

bewerkstelligt werden. Damals war das eine notwendige Art des Fallenstellens – heute ist bereits die Inbesitznahme dieser Vogelarten ein Verstoß gegen das Naturschutzgesetz. Eines jedoch ist aus der geschichtlichen Entwicklung meiner Ansicht nach geblieben: Zahllose angehende Jäger erlernen immer noch über die Fallenjagd ihr handwerkliches Jagdgeschick. Durch das Stellen einer Mausefalle und den damit verbundenen Erfolg, nämlich die Maus gefangen zu haben, werden immer noch viele Kinder zu Jägern …

01 Eine uralte Fangmethode: Berührt das Raubwild die Stellzunge, löst sich das Stellholz und das Tier wird erschlagen.

02 Bis Ende der 1950er-Jahre wurden auch bei uns Singvögel noch mit Dohnen gefangen. Heute ist das nach dem Jagd- und Naturschutzrecht verboten.

03 Die erste gefangene Maus begründet noch heute manche „Fangjägerkarriere“.

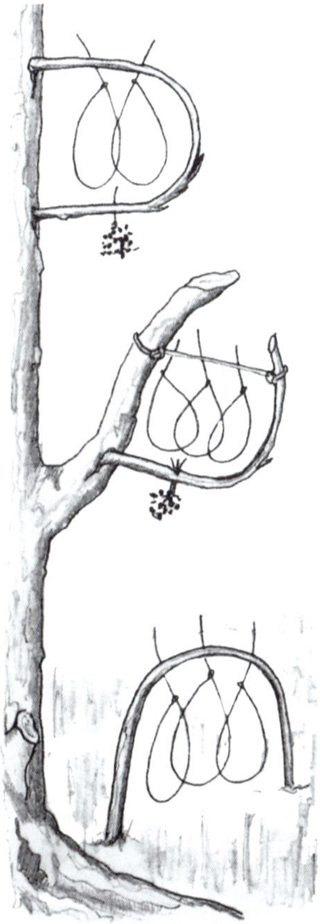

02

03

FANGJAGD HEUTE

Die Schwerpunkte und Ziele des Fangens von Tieren haben sich im Lauf der Vergangenheit verlagert. An die Stelle von Nahrungserwerb, Bekämpfung von Konkurrenten und Gewinnung von Tierhäuten sind längst andere Triebfedern getreten.

VERÄNDERTE ZIELSETZUNGEN

Heute dient die Fallenstellerei in erster Linie dem Natur- und Artenschutz und hier vor allem der Reduktion bzw. Entnahme von Neubürgerarten, sogenannter invasiver Neozoen. Der zweite, nicht zu unterschätzende Aspekt ist der Fang von Schädlingen in der häuslichen Umgebung, wie etwa der Maus in der Küche oder des Steinmarders auf dem Dach.

Das Erlegen von Raubwild zur Pelzgewinnung sollte auch heute noch von Bedeutung sein, hat aber leider den geringsten Stellenwert unter allen Motiven. Obwohl gerade in diesem Bereich nachhaltige und effektive Nutzung im Zusammenhang mit der Fangjagd aufgezeigt werden könnte! Und nicht zuletzt erfüllt es doch auch mit Stolz, seinen

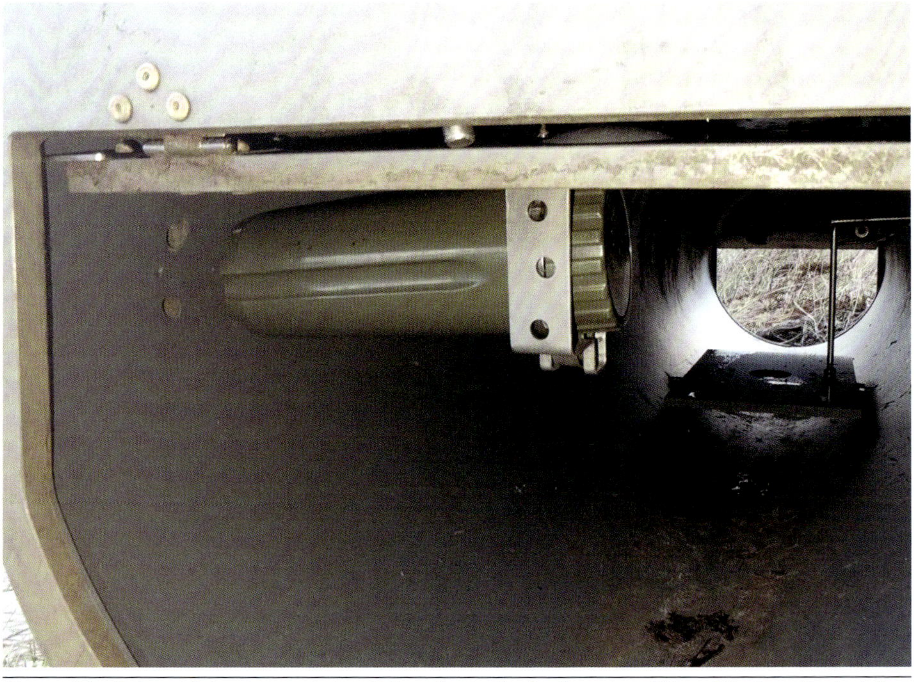

Fangmelder haben sich bereits seit einigen Jahren fest in der Jagdpraxis etabliert. Mittlerweile sind die Geräte sehr robust und langlebig.

erlegten oder gefangenen Steinmarder als Mütze auf dem Kopf zu tragen, oder nicht?

TECHNISCHER FORTSCHRITT

Das Spektrum an Fallen und deren auslösende Techniken haben sich besonders in den letzten Jahren vervielfacht. Aus der einfachen Holzkastenfalle ist eine Hightech-Anlage mit integrierter Mäuseburg geworden, aus dem Kunstbau eine Rohrfalle mit selektiver Entnahme.
Allerdings ist der Begriff „neue Fallen“ hier nicht richtig. Dass nicht alles neu ist, was als neu verkauft wird, zeigt auch das Beispiel der Softcatch-Fallen, die vor etwa 30 Jahren den europäischen Markt eroberten.
Die Grundlage, erfolgreich Fallen zu stellen und darin auch zu fangen, ist heute wie damals zwar immer noch der Fleiß jedes einzelnen Fallenstellers. Die auslösende Technik ist allerdings neben dem Material der entscheidende Punkt jeder Falle.

DER FINANZIELLE ASPEKT

Von einfachen Konstruktionen mit Falltüren oder Klappen haben sich die Fallen heute zu verzinkten, stabilen Konstruktionen entwickelt – zwischen 250 bis 500 Euro kosten zurzeit einige Fallentypen. Hier stellt sich eine nicht uninteressante Frage: Lohnt sich die Jagd mit der Falle überhaupt? Wie viele Füchse oder Stücke Raubwild muss der Jäger fangen, um diese Investitionen wieder lohnend erscheinen zu lassen? Kann man mit der Fangjagd vielleicht sogar Geld verdienen? Sicherlich nicht!
In wenigen Jahren haben sich die Erträge für die Rohware halbiert. Es ist leicht auszurechnen, wann Bälge nicht mehr verwertet werden, da es sich einfach nicht mehr lohnt, daraus Pelze herzustellen und zu vermarkten. Der Ankaufspreis für gesalzene, durchgetrocknete komplette Bälge (inkl. Läufen und Kopf) vom Fuchs liegt zwischen fünf und zehn Euro, vom Steinmarder bei rund 15 Euro, Iltisse werden mit zwei bis fünf

DIE SOFTCATCH-FALLE – NEU?

Bei der Frage nach wirklich neuen Fallen stößt man zwangsläufig auf die Softcatch-Fallen, die in den 1980er-Jahren die Fangjagdszene Europas eroberten. Allerdings vergaßen einige Verkäufer, den Käufern mitzuteilen, dass die Anwendung dieser Fallen verboten ist. Diese modernen Tellereisen lösen auf Druck aus. Dass das Tier „sanft“ am Lauf gepackt wird und angeblich keinen Schmerz verspürt, bedeutet nicht automatisch eine Zulassung in Europa. Letztlich handelt es sich bei dieser Falle um ein modifiziertes, aber dennoch verbotenes Tellereisen. Bereits 1898 wurde zum Tellereisen geschrieben: „Scharren Sie in einer Ackerfurche ein 5 cm tiefes Loch. Stellen Sie das Eisen. Darauf legen Sie ein Leinentuch. Wird das Tier beim Auftreten am oberen Fußgelenk gefasst, erleidet die Kreatur keine Qual und der Balg bleibt unversehrt. Anschließend ist das Tier mit einem stumpfen Gegenstand zu erschlagen.“ „Neu“ ist also an der Softcatch-Falle im Prinzip nur die Herstellung. Das Wirkungsprinzip entspricht dem eines Tellereisens.

Amerikanische Softcatchfalle. In Deutschland ist sie nicht zulässig, da sie auf Tritt auslöst und nicht selektiv fängt.

Euro als Rohware gehandelt. (Eine Auflistung von Ankäufern finden Sie in der Regel im Internet.)
Wenn ich den Reinerlös von € 12,50 für einen Winterfuchsbalg zugrunde lege (siehe Kasten S. 15) – und sonstige Kosten der Beschaffung mal außer Acht lasse –, muss ich je nach Anlage elf bis 22 einwandfreie Winterfüchse fangen, damit die Sache sich „rechnet". Aus wirtschaftlichen Gründen die Fallenjagd zu betreiben, macht also wenig Sinn.
Leider tragen die Jäger mit dazu bei, dass Pelze aus der Mode kommen. Es ist doch ein Leichtes, sich aus zwei Steinmardern eine Mütze anfertigen zu lassen. Auch von der Möglichkeit, den ersten eigenen Steinmarder oder besondere Trophäen präparieren zu lassen und sie stolz im Jagdzimmer zu präsentieren, machen zum Leidwesen der Präparatoren immer weniger Jäger Gebrauch. Sind wir nicht mehr bereit, den Erfolg unseres Handwerks vorzuzeigen?

Fuchsbälge sind „out" und haben dramatisch an Wert verloren. Rein finanziell lohnt die Fangjagd sicher nicht mehr!

Immer seltener lassen sich Jäger ihr Wild präparieren. Schämen Sie sich ihres Erfolges ...?

AKZEPTANZ UND ZUKUNFT

Vom Aussterben bedrohte Tierarten zu schützen und erhalten, ist eine Aufgabe, der alle Naturschützer – zumindest nach Lippenbekenntnissen – höchste Priorität einräumen. Was die Fangjagd für den Arten- und Naturschutz leistet, ist mit Geld nicht aufzuwiegen. Wie schwer wiegen hier die Bestrebungen mancher einseitigen „Tierschützer", die Fallenjagd zu verbieten.
Der Idealismus, mit dem in vielen Revieren Raubwild stark bejagt wird, um Fasanen und Rebhühner zu hegen – zum Herbst müssen da schon einige Hähne mehr auf der Strecke liegen als im Vorjahr –, mag einigen Naturschützern ein Dorn im Auge sein. Der Nebeneffekt ist aber der Schutz der Kiebitze, Austernfischer, Regenpfeifer und sonstiger zunehmend seltener werdender Arten in immer lebensfeindlicheren Biotopen vor ihren Fressfeinden oder auch Prädatoren.
Doch auch die Förderung nicht jagdbarer Arten ist oft genug unmittelbares Ziel der Fangjagd. Beispielhaft seien hier die jagdlichen Maßnahmen zum Schutz des Feldhamsters durch die Anlage von Kunstbauten und Krähenfängen genannt.

In den vergangenen Jahrzehnten grassierte immer wieder die Fuchsräude. Ist so etwas nicht ein Argument für die Fangjagd, das man der Bevölkerung nur nahebringen muss?

Rechenbeispiel Winterfuchs

- ☐ Ein reifer und einwandfreier Winterbalg vom Fuchs (ohne Ranzspuren usw.) bringt nach aktuellen Recherchen (Stand Frühjahr/Herbst 2021):
- ☐ Verkaufserlös € 62,–
- ☐ ./. 19 % MwSt. € 9,90
- ☐ ./.Abbalgkosten ca. € 14,–
- ☐ ./. Gerbkosten € 23,–
- ☐ ./. Entsorgung des Kerns inkl. Abwicklung und Lagerung € 3,–
- ☐ => Reinerlös € 12,10

FANGJAGD IST ARTENSCHUTZ

Mittlerweile ist wissenschaftlich ausreichend belegt, dass der Verzicht auf Fallenjagd gravierende Folgen für den Artenschutz hat. In Untersuchungen wurde festgestellt, dass bis zu 56 % der Gelege von Beutegreifern geplündert wurden und diese am Schwund der Brutvogelvorkommen maßgeblich beteiligt sind (Hötker-Teunissen 2006: Bestandsentwicklung von Wiesenvögeln in Deutschland und den Niederlanden. Um viele Bodenbrüter – genannt seien beispielhaft Großer Brachvogel, Rotschenkel, Kiebitz und besonders die Uferschnepfe – steht es seit Mitte der 1990er-Jahre nicht gut. Und es ist nur noch eine Frage der Zeit, wann einige Vogelarten nicht mehr auf den Wiesen zu finden sein werden. Aus wissenschaftlicher Sicht steht daher die Fangjagd außer Frage. Die Oberste Naturschutzbehörde in Niedersachsen ordnet sie mittlerweile in Brutvogelgebieten, wie z. B. der Stollhammer Wisch, sogar an. In der Rhön werden Gebiete zum Schutz von Rebhuhnprojekten intensiv mit Fallen bejagt.

Dass Naturschutzverbände die Augen vor der Notwendigkeit einer Prädatorenkontrolle, auch und vor allem durch die Fangjagd, verschließen, ist wohl nur mit Ideologie zu erklären. Und doch: Wenn nachfolgenden Generationen die Jagd und die Fangjagd als Mittel des Artenschutzs überhaupt noch vermittelt werden kann, dann nur mit diesen Argumenten.

UNMUT OFT HAUSGEMACHT

Zum Unmut in der Bevölkerung tragen aber mitunter leider die Fallenjäger selbst durch teils unsachliche Aussagen über die Jagd auf Raubwild bei. Gerade das Thema Fangjagd ist so sensibel, dass die Argumente dafür wirklich stichhaltig sein müssen.

Füchse tragen den Kleinen Fuchsbandwurm mit sich und treiben sich, sofern sie sich in den Städten aufhalten, auch auf Kinderspielplätzen herum! Ist deshalb aber auch nur ein einziger Fuchs mehr sinnvoll zu verwerten und sein Balg zu vermarkten? Diese Diskrepanz, dieser Missstand ist doch ein Beispiel dafür, dass es an gezielter Öffentlichkeitsarbeit in den Jägerschaften fehlt.

EIGENTORE DER JÄGERSCHAFT

Ein ernst zu nehmender Umstand ist mittlerweile das Problem von, nennen wir es „negativen Fangerfolgen“, und deren Darstellung im Internet. Entsprechende Posts in den Social Media tragen wahrlich nicht zur Akzeptanz der Fangjagd in der Bevölkerung bei.

Effektive Raubwildbejagung durch Fangjagd ist ein wichtiger Baustein des Artenschutzes. Bodenbrüter wie der Große Brachvogel profitieren davon.

KNACKPUNKT ÖFFENTLICHKEITSARBEIT

Bei einem Vergleich der Öffentlichkeitsarbeit von „Jagdgegnern" mit der unserer Jagdverbände stehen die Jäger auf verlorenem Posten. Es bedarf, insbesondere wenn es um die Veröffentlichung von Bildern im Netz geht, sehr viel mehr Fingerspitzengefühls. Die Administratoren der einzelnen Gruppen sind gut beraten, Personen abzumahnen und Posts zu löschen, bevor sogenannte Tierschützer aktiv werden können und diese Bilder vor ihren Karren spannen.

Das Medium Facebook hat sicherlich an Wert verloren, aber es ist immer noch leicht möglich zu dokumentieren, was manche sogenannte Fallensteller unter vermeintlich „sauberem Handwerk" verstehen. Und Facebook hat ja auch Nachfolger.

Am Ende kann man aber auch diesem Medium positive Seiten abgewinnen. Die Verbreitung von Bauanleitungen, Ködertipps oder Tricks zur Standortfrage sind für viele Anfänger ein Anreiz, den „Experten" nachzueifern. Die Threads, die sich mitunter entspinnen, und die Kommentare zu bestimmten Posts zeigen auf, dass sehr vielen Jägern an der Verbreitung von Wissen über den Weg Social Media gelegen ist.

VERLUST DES KNOW-HOWS

Mit dem fortschreitenden Verlust des handwerklichen Vermögens und der Kenntnis der Rechtsgrundlagen, gepaart mit Internetveröffentlichungen, werden Jagdgegner förmlich systematisch herangezogen und aufgebaut. Die Feinde der Jagd liegen nicht bei den Gegnern, sondern bei den Jägern selbst, die in selbsttrügerischer Sicherheit unachtsam im Revier zu Werke gehen!

ZEITGEMÄSS ARGUMENTIEREN!

Schwindende Niederwildstrecken, die sicherlich auch in der Versteppung der Landschaften ihre Ursache haben, dürfen nicht unreflektiert und um jeden Preis als Argument für die Fallenjagd herhalten. Die Fangjagd heutiger Zeit zielt in hohem Maße auf die Bejagung von Hausbewohnern (Steinmarder), für die, wenn selbst betroffen, dann doch niemand mehr noch große Sympathien aufbringt, und sonstigen Schädlingen ab. Fallenjagd in Deutschland zu rechtfertigen, sollte mühelos gelingen, wenn man nur die gravierende Zunahme von Marderhund und Nutria und die damit verbundenen Schäden betrachtet. Der Siegeszug dieser Neozoen aus Ostasien und Südamerika in unserer Republik ist nicht mehr aufzuhalten und ein

FANGJAGD LEGAL UND ILLEGAL

Legt man die Aktivitäten und Zahlen im Internet zugrunde, setzen sich zurzeit (nur) noch ca. 9000 Jäger aktiv mit der Fangjagd fachkundig auseinander. Sie sind sicher und gut geschult, um ihr Können und Wissen in der Fangjagd auszuüben. Im Jahr 2014 hat der DJV eine Initiative ergriffen, Standards für notwendige Test- und Zertifizierungsprozederes einzuführen. Das AIHTS (zu Deutsch: Übereinkommen über internationale humane Fangnormen) setzt eindeutige Maßstäbe für die Zertifizierung von Fallen. An sie müssen sich Fallensteller und Fallenstellerinnen halten. Die Dunkelziffer derjenigen, die Fangjagd – auch ohne Jagdschein – betreiben, ist sehr groß. Schätzungen gehen davon aus, dass der Anteil an Fängen mit illegal gestellten Fallen bei ca. 98 % liegt. Dies geschieht dort, wo der Gesetzgeber keine oder nur geringe Möglichkeiten der Kontrolle hat. Man spricht einfach nicht davon, wenn der Steinmarder im Haus oder am Auto ist oder der Fuchs mehr und mehr zum Problem in der Wohnbebauung wird. Mit dem Habicht, der im Taubenschlag sein Unwesen treibt, wird es vermutlich ganz ähnlich sein.

Der Siegeszug der Neozoen wie der Nutria ist ein gewichtiges Argument für die Fangjagd. Nur mit ihr lassen sich auf Dauer Schäden durch den Sumpfbiber und andere Neubürger wirklich wirksam verhindern.

flächendeckender Einsatz von großen stabilen Fallen die einzige Möglichkeit, um z. B. Schäden durch die Nutria im Bereich des Wasserbaus und des Hochwasserschutzes in Grenzen zu halten.

Ohne eine effektive Bejagung der Nutria bekommen wir schlicht und einfach irgendwann wohl nasse Füße! Dass gerade hierfür durchdachte Fallenjagdkonzepte ebenso unverzichtbar wie effektiv sind, zeigt das auf den Seiten 30 ff. geschilderte Beispiel des „Barßeler Modells". Es möge Schule machen, um der ungehemmten Verbreitung des Sumpfbibers einen wirkungsvollen Riegel vorzuschieben.

TIPP

Die Fallenjagd steht nicht zuletzt deshalb in der öffentlichen Kritik, weil die drei einfachsten und zugleich wichtigsten Gebote dabei oft genug nicht genügend beachtet werden:

- Eine Lebendfalle muss so beschaffen sein, dass das gefangene Wild nicht in Panik gerät und sich also nicht verletzen kann (Stichwort: geschlossene Fangsysteme)!
- Totschlagfallen müssen immer mit Fangbunker aufgestellt werden!
- Lebend- oder Totschlagfallen dürfen niemals während der Schonzeit aufgestellt werden (einzige Ausnahme ist der Jungfuchsfang).

„IGITT" IST ANERZOGEN

Im 20. Jahrhundert überhaupt noch Fallen zu stellen, ist aus Sicht der sogenannten Tierschützer nicht tragbar. Stattdessen werden von Seiten der Umweltaktivisten Eimer aufgestellt, um darin Kröten zu fangen! Dabei ist das Aufstellen von Eimern an sogenannten Krötenschutzzäunen doch auch Fallenstellen, oder? Hat sich irgendjemand mal Gedanken darüber gemacht, ob Dachs, Wildschwein oder Iltis eine große Freude daran haben könnten, Erdkröten als leichte Beute aus den Eimern zu entnehmen? Krötenzäune haben sicherlich ihre Berechtigung, aber doch bitte mit Sachverstand und Artenkenntnis!

Nüchtern betrachtet sind Krötenzäune schlicht Lebendfallen. Sie wirken wie ein Fast Food-Angebot für Fressfeinde.

Gerade weil es in der Bevölkerung große Defizite im Umgang mit der Natur gibt, wird das Töten von Tieren auch in Zukunft kein publikumswirksames Schauspiel werden und immer ein Reizthema bleiben. Fleisch kommt von der Ladentheke, ein Pelz vom Gerber oder Kürschner (wenn er denn gerade in Mode ist). Die Zeiten, in denen ein Schwein auf dem Hof geschlachtet und der Fuchs nach der Jagd in der Garage abgezogen wurde, sind vorbei. Mit den Bildern verschwindet auch immer mehr ein natürlicher Umgang mit solchen Dingen. Die Mentalität zum „Iii" und zum „Igitt" wurde der Gesellschaft anerzogen.

ES FEHLT AN WIRKSAMER ÖFFENTLICHKEITSARBEIT

Wer steuert gegen? Auch hier fehlt es in den Jägerschaften nach wie vor leider an öffentlichkeitswirksamen Auftritten.

Einer Gesellschaft, die sich jeden Vorteil der industriellen Technik zunutze macht, geht der Bezug zur Natur zum Schluss gänzlich verloren. Wenn sich nicht gelegentlich lästige Krabbler wie Zecken und Flöhe in den Haushalten bemerkbar machten, könnte man meinen, es gäbe gar keine Natur mehr in unserem Leben.

Dass sich in so einer Situation zwangsläufig auch Probleme für die Wildvermarktung ergeben, ist nachvollziehbar und selbst verschuldet. Vielleicht werden mit diesem Buch der Fangjagd einige Steine diesbezüglich aus dem Weg geräumt.

Jede auf den folgenden Seiten vorgestellte gebräuchliche Falle hat sich in der Praxis bewährt. Was nicht sofort heißt, dass alle Fallen auch gut fangen. Doch das hat andere Gründe.

Gezielte Öffentlichkeitsarbeit tut not. Kinder und Jugendliche sind die Entscheidungsträger von morgen.

SPIELBALL DER POLITIK

In der Politik geht es wieder einmal darum, Wählerstimmen durch oder gegen die Jagd zu gewinnen. Die Beispiele Saarland oder Nordrhein-Westfalen verdeutlichen, dass das Eis der Fangjagd dünn ist. So hieß es in einem Papier des nordrhein-westfälischen Ministeriums für Klimaschutz, Umwelt, Landwirtschaft, Natur- und Verbraucherschutz vor einigen Jahren: „*… aus gegebener Veranlassung* [Anm.: Gemeint sind die Frosttage Anfang Februar 2012] *wird darauf hingewiesen, dass der Betrieb von oberirdisch aufgestellten Lebendfangfallen bei extremen Minustemperaturen als nicht tierschutzgerecht angesehen werden muss …*“ Mit anderen Worten: Bei tierschutzgerechter Fangjagd muss in Lebendfallen gefangenes Wild im Winter mit Heizdecken versorgt werden … Die Politik treibt schon eigenartige Blüten!

FANGJAGD UND NIEDERWILD

Hase und Fasan verschwinden aus den Revieren scheinbar ohne Grund, vom Rebhuhn oder der Wachtel gar nicht zu reden. Ist wirklich immer nur die Landwirtschaft an allem schuld? Warum profitieren denn Krähen und Tauben von den gegenwärtigen Verhältnissen in einem Maß, dass sie teilweise nicht mehr jagdlich in den Griff zu bekommen sind?
Der in der Grafik Seite 22 oben für den Hasen dargestellte Streckenverlauf steht exemplarisch für den Rückgang des Niederwildes. Der darunter abgebildete Abwärtstrend beim Fressfeind Fuchs ist deutlich schwächer und wohl eher Ausdruck nachlassenden jagdlichen Eifers. Diese beunruhigende Entwicklung ist aber noch kein Grund, die Niederwildjagd gleich ganz einzustellen.

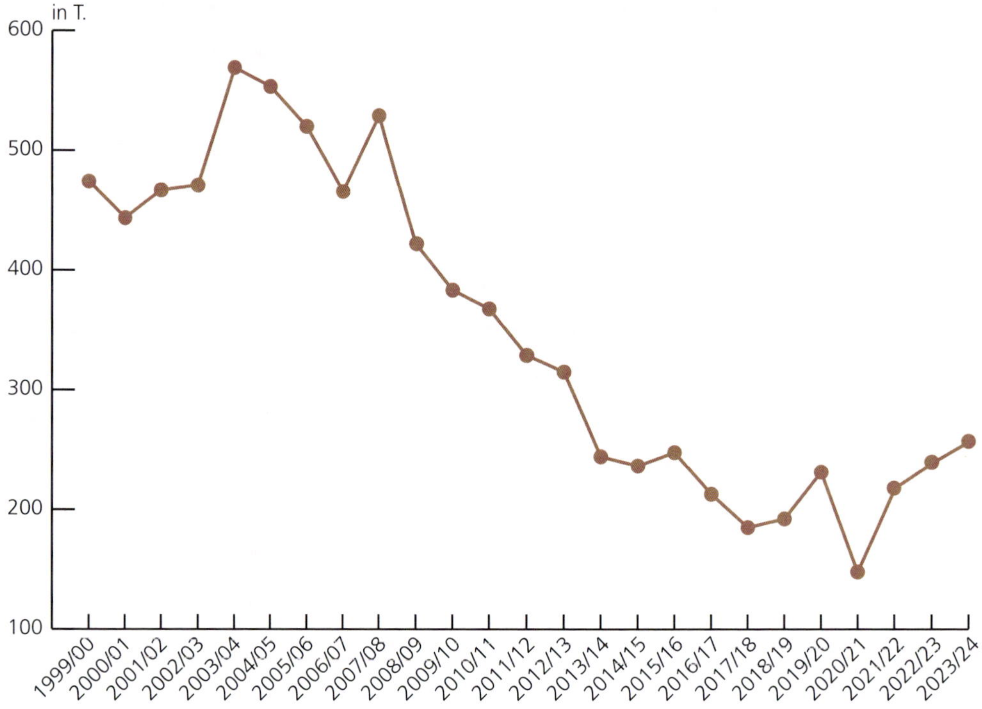

Niederwildentwicklung – Beispiel deutsche Jahresjagdstrecken Hase 1999/00 bis 2023/24 … (Quelle: DJV)

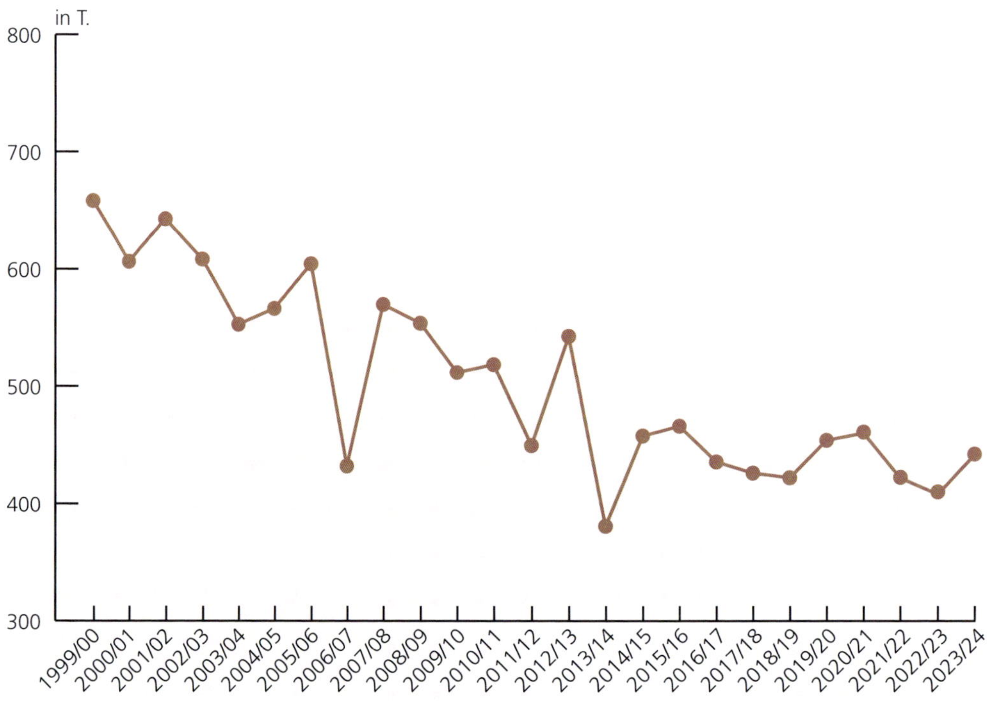

… und Beispiel Fuchs (Quelle: DJV). Beunruhigend, aber kein Grund, die Flinte ins Korn zu werfen.

Und um allzu schnellen Rückschlüssen auf die Notwendigkeit der Fallenjagd vorzubeugen: Umwelteinflüsse sind auch ein Faktor, der den Niederwildbesätzen zusetzt.
Bei allen rückläufigen Zahlen zahlreicher Wildarten sind andere Arten die Gewinner der letzten Jahre. Die Vorkommen von Kolkrabe, Wanderfalke, Uhu oder Weißstorch haben enormen Aufwind.
Beim Fasan oder Rebhuhn sind in die Reproduktionsraten in kalten Frühjahren schlecht. Gleiches gilt aber auch beim Storch, wenn April und Mai kalt und regnerisch sind. Ganze Regionen bleiben dann nachwuchslos. Über Jahre können sich Bestände aber erholen, wie eben das Beispiel Storch zeigt. Im Grunde hätten sich das Fehlen strenger Winter der letzten Jahre positiv auf die die Entwicklung des Niederwilds auswirken müssen. Haben sie aber definitiv nicht. Ursächlich für die schlechten Aufzuchterfolge für Rebhuhn und Fasan sind vor allem die Anbaumethoden von Getreide. Die Hennen nehmen die Deckung der Getreidefelder zeitig im Frühjahr an. Sicher vor Beutegreifern werden die Eier ungestört ausgebrütet. Nach dem Schlupf brauchen die Küken täglich reichlich tierisches Eiweiß in Form von Insekten. Wie sollen sie jedoch Nahrung finden, wenn keine Insekten vorhanden sind? Wie sollen sie den Weg aus dem mittlerweile dichten Getreidefeld finden, wenn dort Halm an Halm so dicht gewachsen ist, dass keine Sonnenstrahlen auf die Erde gelangen. Auch Huderstellen, lebensnotwendige Plätze, fehlen. Die Küken verhungern bzw. werden krank und verenden. Dies haben die Studien unter anderem des BFN und der DDA (Dachverband Deutscher Avifaunisten) aus dem Jahr 2020 belegt. Kurz gesagt: Es fehlen Brachflächen! Einher mit dem Rückgang von Fasanen und Rebhühnern geht ein alarmierend geringer Bestand an Feldvögeln wie Dorngrasmücken, Baumpiepern oder Goldammern, um nur einige Arten zu nennen.

PRÄDATORENDRUCK UND FEHLENDE DECKUNG

Aus Sicht der Wissenschaft ist zu konstatieren, dass der Einfluss von Fuchs und Krähe auf das Niederwild nach wie vor deutlich unterschätzt wird. Durch Untersuchungen der Forschungsstelle für Jagdkunde und Wildschadensverhütung in Bonn konnte eindeutig belegt werden, dass mit dem Absetzen der Junghasen vom Familienverband (in der Regel nach zehn Wochen) je nach Deckung bis zu 90 % von ihnen dem Fuchs – insbesondere in dessen Welpenaufzuchtzeit bis Mitte Juni – zum Opfer fallen. Das bedeutet: Keine Deckung zur Aufzuchtzeit, keine Hasen im Herbst.
Wenn es gelingt, die Prädatoren wirklich kurzzuhalten und dies mit ausreichender Deckung und Äsung für ihre Beutetiere zu kombinieren, kann eine Vervielfachung des Niederwildbesatzes erreicht werden. Das setzt jedoch voraus, dass in Zusammenarbeit mit den Landwirten entsprechende und vernetzte Deckungsstrukturen dauerhaft im Revier bereitgestellt werden und nicht nur über die Wintermonate.

Gravierende Hasenverluste durch den Fuchs hat z. B. die Forschungsstelle für Jagdkunde in Bonn nachgewiesen.

FLÄCHENNUTZUNG HEUTE UND IN ZUKUNFT

Bis zum Jahr 2007 profitierte das Wild von der sogenannten Zehn-Prozent-Stilllegung landwirtschaftlicher Flächen, dann war damit Schluss. Der Abschied von der Stilllegung ist ein wesentlicher Faktor für den weiteren Rückgang der Niederwildarten! Nur wenige profitieren von der derzeitigen Situation in der Landwirtschaft, in meiner norddeutschen Heimatregion insbesondere die Wildgänse. Der Abschied von der Flächenstilllegung aber ist endgültig.

Dem enormen Flächenverbrauch der Bioenergie und dem Druck der Industrie beugt sich die Landwirtschaft, sie muss es ja tun. Aus wirtschaftlichen Gründen können die Jagdgenossen keine Flächen mehr für die Jagd liegen lassen. Nach dem Wegfall der Jagd auf den Birkhahn in den 1960er-Jahren hat doch auch niemand zum Erhalt der Heideflächen aufgerufen, nur um weiter Birkwild bejagen zu können. Damals bereits setzte die Landwirtschaft zu dem enormen Sprung in ihrer Entwicklung an, deren Ende noch nicht abzusehen ist. Fest steht, dass eine Dreifelderwirtschaft für den Jagdgenossen nicht mehr tragbar ist, genauso wenig die Weideviehhaltung. Die Versorgungssicherheit ist zu gewährleisten, so der eindeutige Tenor der Politik. Die umweltgerechte Produktion von Lebensmitteln steht im Fokus der Landwirtschaft.

Und so wird sich das gewohnte Bild vollkommen ändern. Teile des Jagdhandwerks werden verloren gehen, andere Jagdarten in Zukunft deutlich an Bedeutung gewinnen – unter anderem die Jagd mit Lockbildern! Unterbleibt jedoch die kontinuierliche Bejagung des Fuchses sowie weiterer Beutegreifer weiterhin, werden die Folgen gravierend sein!

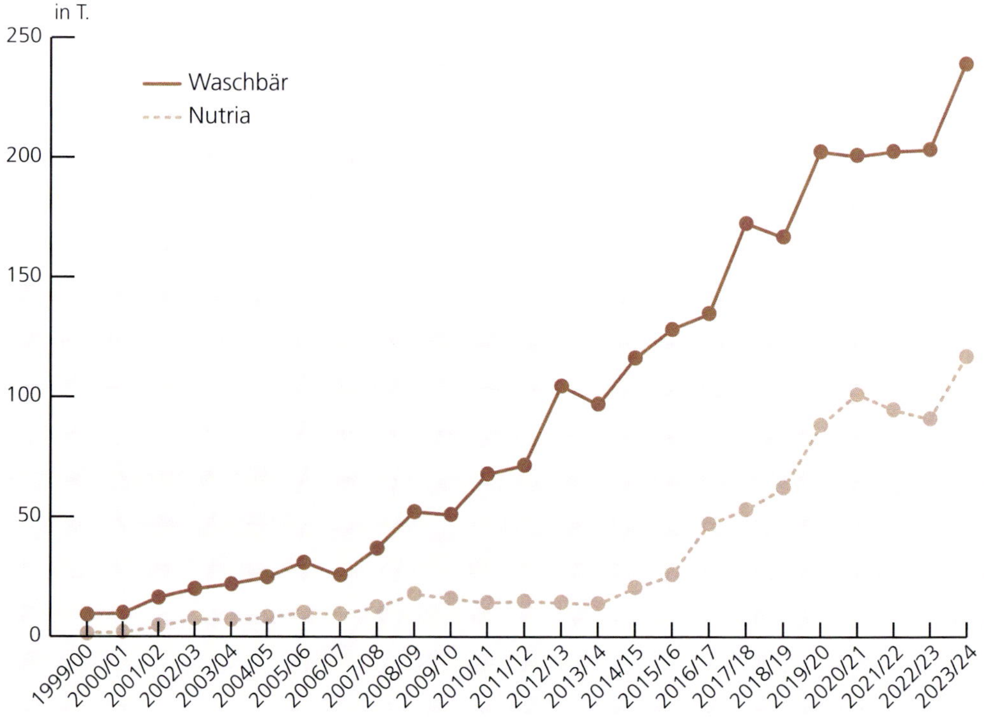

Die Jagdstrecken von Waschbär und Nutria steigen seit Jahren rasant an (Quelle: DJV).

In Zukunft vermutlich eine Ausnahmeerscheinung: großflächige Niederwildtreibjagden

Mit solchen Landschaften müssen wir letztlich umzugehen lernen. Die Kräfteverhältnisse stehen nicht zugunsten der Wildtiere.

Ein Grund zur Panik? Nein. Beispielhafte Reviere, in denen Fasan und Hase auf Gesellschaftsjagden behutsam und ihre Prädatoren intensiv bejagt werden, geben Anlass zu Optimismus.

NIEDERWILDJAGD IM WANDEL

Ohne eine grundlegende Umstellung der Jagdmethoden auf Niederwild werden jedoch weitere Rückgänge zu verzeichnen sein, die sicherlich dazu führen, dass nur noch wenige Regionen in Deutschland dieser Jagdart nachgehen werden. Die Jagd wird sich den Strukturen der Landwirtschaft anpassen müssen, nicht umgekehrt. Es muss doch in der Bevölkerung geradezu auf Unverständnis stoßen, wenn mehrfach ein und die gleiche Fläche bejagt wird, ohne einmal nennenswerte Jagderfolge zu verzeichnen.

DIE „ALTEN TAGE" SIND VORBEI

Sich nach den „alten Tagen" zurückzusehnen, ist nicht das geeignete Mittel, der nächsten Generation die Passion der Jagd zu vermitteln. Eine deutliche Korrektur der Bejagung des Niederwilds in einzelnen Regionen ist überfällig. Die gekonnte Einzeljagd auch auf Niederwild wird zunehmend im Vordergrund stehen. Die Zeit großer, jährlich mehrfach abgehaltener Treibjagden auf den monotonen Flächen der Jagdgenossen ist – zumindest beim aktuellen Stand – vorbei, ob wir das bedauern oder nicht.
„Schädlingsbekämpfung" jedoch, also die Regulierung von Wildschweinen, Rabenkrähen und Tauben, die zur Schadensabwehr in der Landwirtschaft dauerhaft Bestand haben wird, nimmt die Gesellschaft selbst nicht wahr, wird Aufgabe des Jägers bleiben. Im Zeitalter „moderner, industrieller" Landwirtschaft wird die Jagd der Zukunft klar unter der Überschrift „nachhaltige Nutzung und Erhaltung der letzten Ressourcen" stehen. Das Handwerk der Jagd wächst an den Aufgaben des Naturschutzes, nicht an den Zweiflern und erbitterten Verfechtern althergebrachter „traditioneller Jagd"!
Tauben sind Profiteure einer seit Jahren anhaltenden Entwicklung. Sie verursachen nicht nur in der Landwirtschaft Schäden.

FANGJAGD IST ZUKUNFTSFÄHIG

Die Jäger von morgen werden die Chancen nutzen, die sich bieten, um auf Jagd zu gehen. Und dazu gehört zweifelsohne die an eindeutigen Zielen orientierte Fallenjagd auf Fuchs, Marder, Marderhund und Co.!

DER RECHTLICHE RAHMEN

Fangjagd der Zukunft muss tierschutzgerecht und ein Handwerk sein, das keinerlei ethische oder moralische Zweifel an der Jagd aufkommen lässt. Das verlangt die uneingeschränkte die fachliche Kompetenz des Fangjägers.

Diese Fachkompetenz belegt der Fangjäger mit dem Jagdschein und dem Besuch eines Fangjagdlehrgangs, aber auch dadurch, dass er die notwendigen Hilfsmittel und das richtige Zubehör besitzt und einsetzt. Ohne Jagdschein ist die Fangjagd nur in Ausnahmefällen möglich, Näheres dazu regeln die jeweiligen Verordnungen der Bundesländer. Die länderspezifischen Vorgaben zum Einsatz von Fallen werden in jeweiligen Sachkundelehrgängen vermittelt und sind, von wenigen Ausnahmen abgesehen, die Grundlage des Fallenstellens.
Im Vordergrund von Fangjagdseminaren steht der vertraute und absolut sichere Umgang mit sämtlichen Fallentypen und Fangsituationen. Diese Lehrgänge sind die praktische Grundvoraussetzung für ein erfolgreiches Jagen mit den Fallen, rechtliche Aspekte inbegriffen.

Die im Handel frei erhältlichen Fallen sind ohne weiteres von jedermann zu erwerben. Katastrophal ist es, wenn sie, wie in diesem Fall eine Drahtgitterfalle, nicht tierschutzgerecht eingesetzt werden.

ERWERB VON FALLEN

Jedermann kann heute eine Falle erwerben, ob dies nun eine Drahtfalle, eine Schlagfalle oder eine Reuse ist. Ein Nachweis über den Verbleib und Einsatz der Fanggeräte wird nicht geführt. Der Sachkundenachweis für den Revierinhaber oder Ausübungsberechtigten als Voraussetzung für die Fangjagd ist allerdings in der jagdlichen Gesetzgebung verankert.

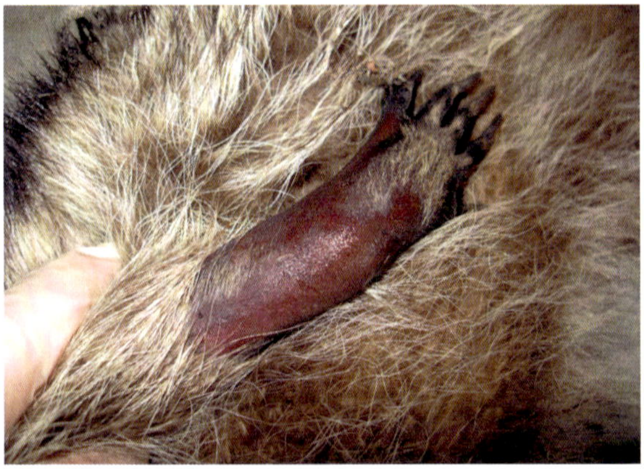

Die Vorderbrante eines nicht sachgemäß und tierschutzgerecht gefangenen Waschbären

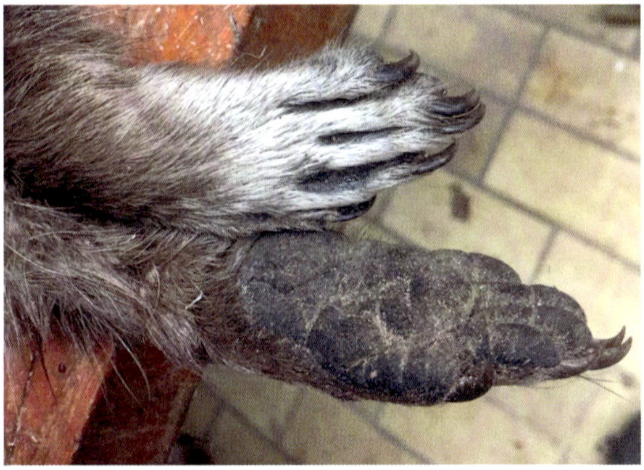

Vorder- und Hinterbrante eines in einer Kunststofffalle gefangenen Waschbären

JAGDGESETZE UND -VERORDNUNGEN

Fangjagd ist ein Teil der Jagdausübung. Welche Fallen eingesetzt bzw. *nicht* eingesetzt werden dürfen, definiert § 19 des Bundesjagdgesetzes (BJagdG), insbesondere in Absatz 1, Ziffer 9, unmissverständlich mit dem Verbot von Fanggeräten, die nicht unversehrt fangen oder nicht sofort töten. Diese Vorgabe ist eindeutig und lässt keine anderen Fanggeräte zu.

In § 19, Absatz 1, legt das BJagdG aber auch weitere Regelungen zur Fallenjagd fest:
(1)Verboten ist [...]
2. d) auf Wild mit Pistolen oder Revolvern zu schießen, ausgenommen im Falle der Bau- und Fallenjagd sowie [...];
5. b) Vogelleim, Fallen, Angelhaken, Netze, Reusen oder ähnliche Einrichtungen sowie geblendete oder verstümmelte Vögel beim Fang oder Erlegen von Federwild zu verwenden;
7. Saufänge, Fang- oder Fallgruben ohne Genehmigung der zuständigen Behörde anzulegen;
8. Schlingen jeder Art, in denen sich Wild fangen kann, herzustellen, feilzubieten, zu erwerben oder aufzustellen
9. Fanggeräte, die nicht unversehrt fangen oder nicht sofort töten [...] zu verwenden
Weitergehende Regelungen und Bestimmungen treffen die entsprechenden Verordnungen der Bundesländer (s. „Service“, S. 170 ff.). Die von Land zu Land oft unterschiedlichen Vorgaben beleuchten beispielhaft den Rahmen, innerhalb dessen sich die Fallenjagd in Deutschland bewegt.

TIERSCHUTZGESETZ

§ 1 des Tierschutzgesetzes lautet: *„Zweck dieses Gesetzes ist es, aus der Verantwortung des Menschen für das Tier als Mitgeschöpf dessen Leben und Wohlbefinden zu schützen. Niemand darf einem Tier ohne vernünftigen Grund Schmerzen, Leiden oder Schäden zufügen.“*

Jede Lebendfalle muss tierschutzgerecht sein. Eine Falle für Ratten fängt auch Wiesel!

JAGDRECHT UND HEGEPFLICHT

Auch die Aussagen des § 1 BJagdG sind für die Fangjagd als Teil der Jagd relevant:

(1) Das Jagdrecht ist die ausschließliche Befugnis, auf einem bestimmten Gebiet wild lebende Tiere, die dem Jagdrecht unterliegen, (Wild) zu hegen, auf sie die Jagd auszuüben und sie sich anzueignen. Mit dem Jagdrecht ist die Pflicht zur Hege verbunden.

(2) Die Hege hat zum Ziel die Erhaltung eines den landschaftlichen und landeskulturellen Verhältnissen angepassten artenreichen und gesunden Wildbestandes sowie die Pflege und Sicherung seiner Lebensgrundlagen; auf Grund anderer Vorschriften bestehende gleichartige Verpflichtungen bleiben unberührt. Die Hege muss so durchgeführt werden, dass Beeinträchtigungen einer ordnungsgemäßen land-, forst- und fischereiwirtschaftlichen Nutzung, insbesondere Wildschäden, möglichst vermieden werden.

(3) Bei der Ausübung der Jagd sind die allgemein anerkannten Grundsätze deutscher Weidgerechtigkeit zu beachten.

(4) Die Jagdausübung erstreckt sich auf das Aufsuchen, Nachstellen, Erlegen und Fangen von Wild.

(5) Das Recht zur Aneignung von Wild umfasst auch die ausschließliche Befugnis, krankes oder verendetes Wild, Fallwild und Abwurfstangen sowie die Eier von Federwild sich anzueignen.

Womit gehandelt werden darf und womit nicht, bestimmt die Bundeswildschutzverordnung.

(6) Das Jagdrecht unterliegt den Beschränkungen dieses Gesetzes und der in seinem Rahmen ergangenen landesrechtlichen Vorschriften.
Wie diese Vorgaben konkret umgesetzt werden, regeln wiederum die Bundesländer en détail.

BUNDESWILDSCHUTZ-VERORDNUNG

Das Bundesjagdgesetz wird von der Bundeswildschutzverordnung (BWildSchV) in Bezug auf den Besitz, Erwerb, Handel und sonstiges Inverkehrbringen von Wild ergänzt. Diese Verordnung definiert die Wildarten, die weder lebend noch tot noch in Teilen in Besitz genommen, erworben, bearbeitet und verarbeitet oder anderweitig verwendet werden dürfen. Das Verbot erstreckt sich auch auf Produkte und Erzeugnisse, die aus diesen Tieren hergestellt wurden. Gehandelt werden darf mit den in der Bundeswildschutzverordnung genannten Arten ebenfalls nicht.
Das Aneignungsrecht des Jagdausübungsberechtigten ist von dem Verbot ausgenommen, doch auch er darf solche rechtmäßig angeeigneten Wildtiere oder Teile von ihnen, also Wildbret, Trophäen, Präparate und Ähnliches nur für sich selbst verwerten oder verschenken. Auch der Jagdausübungsberechtigte darf sie nicht verkaufen, also kommerziell nutzen.

DAS BARSSELER MODELL

Wenn Konzept und Fallentypen stimmen, ist die Effektivität der Fangjagd, gerade für die Bewältigung invasiver Neozoen, durch nichts zu ersetzen. Ein Paradebeispiel dafür ist das „Barßeler Modell".

Barßel liegt im Nordkreis Cloppenburg in Niedersachsen und ist durchzogen von Kanälen und Flüssen. Kaum 40 km entfernt vom Dollart liegt das Seemannsdorf nur einen Meter über dem Meeresspiegel. Deiche schützen die Gemeinde vor dem Wasser von Ebbe und Flut.

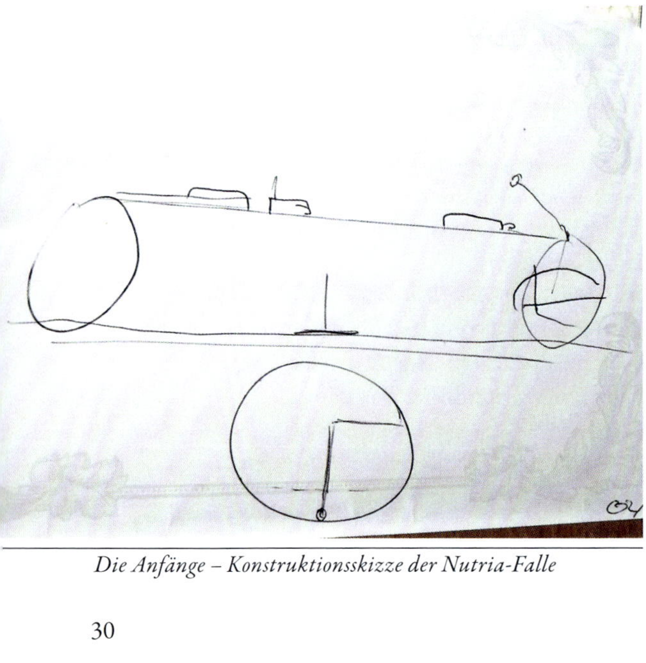

Die Anfänge – Konstruktionsskizze der Nutria-Falle

Im Jahr 2006 wurde im Barßeler Revier „Barßel-Lohe 1" erstmals eine Nutria erlegt. Die enorme Ausbreitung der Art, gepaart mit der steigenden Bisampopulation in den Gewässern, stellte nicht nur hiesige Reviere vor eine Herausforderung. Herkömmliche Fallen aus Holz oder Beton schienen ungeeignet, der Einsatz von Drahtkastenfallen war verboten.

NEUE FALLE MIT VERTRIEBS-LOGISTIK

Im Jahr 2014 wurde in Zusammenarbeit mit der Funke-Gruppe in Hamm eine komplett neue Falle für den Fang von Nutria entwickelt. Ein Treffen auf der Jagd & Hund 2014 in Dortmund, wo u. a. mit Thomas Berner und weiteren befreundeten Fangjägerkollegen über die bestehenden, auf dem Markt befindlichen Fangeinrichtungen diskutiert wurde, gab den entscheidenden Impuls, zunächst als Versuch Fallen aus Kunststoff zu bauen. Das System lag auf der Hand, bewährte Mechanismen mussten im Grunde „nur" als eine wasserfeste Konstruktion gebaut werden. Der Anspruch, ein in-

Fangerfolge ließen in der Niederung nicht lange auf sich warten.

nen liegendes System, ähnlich der „Ostfriesenfalle" (s. S. 86) von Berufsjäger Heinrich Janssen zu bauen, ließ sich anhand von Zeichnungsvorlagen aus dem Jahr 2013 leicht umsetzen. Wesentliche Elemente waren ein Trittbrett, in dessen Mitte das Gestänge der Klappen lag, gepaart mit innen liegenden Schnappern, Seilzügen (um die Klappen geruchslos zu stellen) und Signalstangen, die auch als Arretierung der fallenden Klappen dienen sollten.

Das Ganze sollte wasserfest und zudem vom Grundsatz haltbarer sein alles alle bisherigen Fangeinrichtungen. Ein nicht unwesentliches Problem der Idee: Sollte eine Falle mit dieser Konzeption auf den Markt, musste die komplette Vertriebslogistik gewährleistet sein. Nach teils bitteren Erfahrungen mit anderen Fallen, die gewinnbringend auf den Markt gebracht werden sollten, war klar, dass der Erfolg eines Produkts zu 80 % nicht auf dessen Funktion, sondern einer ausgefeilten Logistik beruht. Daher die richtungsweisende Absicht, mit einem sehr erfahrenen Partner wie die Funke-Gruppe in Hamm vertrieblich zusammenzuarbeiten.

DURCHSCHLAGENDER ERFOLG MIT KUNSTSTOFFFALLEN

Bereits nach den ersten Einsätzen der „WeKa invasiv 1,5" im März 2014 wurde klar, dass Kunststoffrohrfallen beim Nutriafang alle anderen Fallen in Grund und Boden fingen. Kein davor eingesetztes, geschlossenes Lebendfang-System war derart erfolgreich. Muss an einem Standort eine Falle viermal innerhalb von zwölf Stunden geleert werden, spricht das für sich. Zunächst wurde nur die 1,50 m lange WeKa-invasiv-Version auf Herz und Nieren geprüft. Innerhalb der ersten zwei Jahre wurden dabei Funktionen und Entnahmetechniken verfeinert.

Gleichzeitig wurde im Versuchszeitraum 2014 bis 2016 im Revier Barßel ein weiterer, enormer Anstieg der Nutriapopulation festgestellt. Die Fangprämien gaben den Ausschlag, zusätzliche Versuche mit Kunststoffrohrfallen an unterschiedlichen Standorten im Revier zu unternehmen. Dabei bestand auch die Möglichkeit, Fangmeldesysteme zu testen. Eine Herausforderung für jeden Fangmelder ist seine Wasserfestigkeit für den Schutz der empfindlichen Elektronik.

Nutria nach dem Fang. Die Tiere verhalten sich ruhig in der Kunststoffrohrfalle.

MODIFIKATIONEN

2016 wurde dann die zweite Generation der 2.0-Version gebaut und erfolgreich vertrieben. Die Klappen sämtlicher Fallentypen wurden verändert, Schnapper außen angebaut, da Waschbären in anderen Versuchsrevieren mühelos die Haltestangen entfernt und die Klappen spielend geöffnet hatten. Weitere Fänge mit diesem Fallentyp folgten.

Alle Fänge in der Gemeinschaftsjagd „Barßel Lohe 1" sind dokumentiert. Verletzungen in der Falle nach dem Fang traten weder bei Nutria, Bisam, Ratten oder Hasen auf. Lediglich Stein- und Baummarder trugen Verletzungen an den Lefzen davon. Diese kaum sichtbaren Blessuren führten später zu einer veränderten Vorgehensweise beim Stellen der Kunststoffrohrfallen. Bei über 750 Fängen im Zeitraum von 2014 bis 2021 konnte genügend Material zusammengestellt werden, um tierschutzgerechte Fänge im Jahresverlauf zu dokumentieren und auf den Markt zu bringen.

Neben den genannten Fallengrößen wurden zudem eine Meter-Variante (WeKa invasiv 1.0) sowie parallel ein Prototyp der Fuchsfalle 4.0 produziert. Auch hier ließ der Fangerfolg nicht lange auf sich warten.

Speziell die Beköderung über eine Köderplatte, die mittels Verschlusses im Köderdom eingebracht wurde, ließ so manches argwöhnische Raubwild in die Fallen gelangen. Die Bauweise des Köderdoms erfuhr mehrfach Änderungen. Speziell Ratten hatten anfangs keine Probleme, sich über mehrere Stunden aus den Löchern zu fressen. Mit der Köderplatte wurde das unterbunden.

Kunststoffrohrfallen sind für den Nutriafang ideal: Bei Hochwasser nehmen sie keinen Schaden.

Warum sind Löcher in der Konstruktion? Die Erklärung ist einfach: Ohne die oben angebrachten Löcher würde die Falle wegschwimmen. Nicht selten stehen Fallen in dem genannten Revier unter Wasser, da die Gewässer der Tiede ausgesetzt sind.

KUNSTSTOFF SCHLÄGT METALL

Während der Versuche fanden auch fortlaufend Temperaturmessungen statt, um auszuschließen, dass sich selbst bei starker Sonneneinstrahlung die Wärme nicht im Innenraum staute. Fallen stehen nun einmal 24 Stunden an 365 Tagen im Jahr im Revier, sie sind Wind und Wetter und eben auch Hitze ausgesetzt. In ruhigen Revierteilen lassen sich Nutria tagsüber leicht in die Fallen locken, was bei 30 Grad unter Umständen zu Problemen nach dem Fang führt. Im Revier zeitgleich getestete Metallfallen zeigten hier enorme Schwächen. Ihre Innenraumtemperatur stieg bei direkter Sonneneinstrahlung binnen kurzem auf über 60 Grad. Diese Fallen wurden zunächst nur noch in schattigen Revierteilen eingesetzt, nach vielen Fehlauslösungen bei Frost dann ganz entfernt.
Auch die getesteten Kipp-Metallfallen hielten der Sonneneinstrahlung nicht stand und wurden umgehend wieder entnommen bzw. nur noch im Winter eingesetzt. Da Fangstandorte aber erst über 365 Tage erfolgreich invasive Arten eindämmen können, fielen letztlich auch diese Fangsysteme aus dem Revier. Eine deutliche Reduktion von Nutria ließ sich nur erzielen, wenn Fallen jederzeit sicher eingesetzt werden konnten.
Die Entfernungen zwischen den Standorten an den Gewässern betrugen zunächst zwei Kilometer, später wurden zwischen 800 und 1000 Meter als zielführend ermittelt.

Auch Bisams fingen sich in der Falle. Eine Ausnahmegenehmigung lag vor.

BISAMFANG?

Große Irritationen gibt es nach wie vor bei der Bisambejagung mit Totschlagfallen, wenn dabei Jäger Eisen einsetzen, die eigentlich zum Fang von Nutria verwendet werden. Ohne entsprechenden Schutz sind Beifänge wie Teichhuhn, Stockente, usw. möglich. Nur die aufgesetzte Schutzhaube vermeidet Fehlfänge. Im Zuge der Ausbreitung der Nutria kommt es immer wieder zu Missverständnissen, wer nun was mit welcher Falle bejagen darf. Nach dem Gesetz – §1 Abs. 4 BJagdG – ist die Fallenjagd eine Form der Jagdausübung und ganz unstrittig anderen Formen wie der Ansitz- oder Bewegungsjagd gleichgestellt. Dies gilt für die Wildarten, die dem Jagdrecht unterliegen. Also nicht für den Bisam? Grundsätzlich ist in den Bundesländern der Fang des Bisams aber ohnehin nicht Sache der örtlichen Jäger, sondern Aufgabe der Gewässerunterhaltungsverbände.

Nutriabau und Bisambaue in der Uferböschung

Lagen anfänglich die Fangzahlen von zwölf eingesetzten Kunststoffrohrfallen wöchentlich bei drei bis vier Individuen je Falle, erwies sich bald der Beginn einer deutlichen Reduktion von Bisam und Nutria.
Eine Ausnahmegenehmigung, Bisam auch als Jäger fangen und erlegen zu dürfen, war vom Landkreis zeitig beantragt worden. Sehr zum Ärger der amtlichen bzw. Nebenerwerbs-Bisamfänger, denen die Kunststofffalle die Arbeit im fraglichen Revier genommen hat …

FESTE UND MOBILE STANDORTE

Spurbilder an den typischen Standorten werden nach wie vor kartiert und festgehalten. Sobald sich Nutria ansiedeln, wird umgehend eine Falle platziert. Neben den fest etablierten Standorten werden WeKa-invasiv-1,5-Fallen mobil umgesetzt, da die „Dauerfallen" mittlerweile teilweise über vier bis sechs Monate nichts mehr fangen. Das Umsetzen übernimmt eine Person, der Aufwand ist gering. Innerhalb weniger Minuten steht die Falle an ihrem neuen Platz und wird sofort fängisch gestellt.
Den Jagdgenossen des Reviers und auch aufmerksamen Anglern, zu denen ein außerordentlich guter Kontakt gepflegt wird, werden Sichtungen umgehend gemeldet. Stiege, Fraßstellen und Losungen zeigen, wo sich die invasiven Arten aufhalten. Als Köder werden Äpfel, Möhren und das Lockmittel Pronubi eingesetzt.
Gleichzeitig werden diverse Futterstellen im Revier immer wieder bestückt, um zu erkennen, ob sich Wild im Revier bewegt.

NACHHALTIGER FANGERFOLG

Lagen die Fanggewichte bei Nutria zum Start des Fangmodells noch bei weit über acht Kilogramm, so hat sich mittlerweile die Situation deutlich gewandelt. Zu 98 % fangen sich nur noch einwandernde Jungtiere

zwischen 5,5 bis 6,8 kg, Altnutriafänge bleiben so gut wie aus.

Etwas Weiteres stellte sich außerdem heraus: Wird ein Sumpfbiber in der frühen Dämmerung gefangen und verbleibt er für einige Stunden in der Falle, sodass er Urin und Losung darin absondert, zeigen seine Artgenossen keine Scheu und nehmen die erneut gestellte Falle umgehend wieder an. Das gilt selbst für den Fall, dass der Sumpfbiber abgefangen wird und anschließend im Fallenkörper ausschweißt.

Der Effekt des Ausschweißens hat einen weiteren, wertvollen Nebeneffekt: Insbesondere Iltis und Steinmarder werden von dieser Witterung angelockt. So kam es in den vergangenen Jahren immer wieder dazu, dass auch Raubwild in den Rohrfallen gefangen wurde. Nicht zuletzt ließ auch die Verwässerung der Kunststoffrohrfallen infolge Hochwassers das Raubwild die Standorte ohne Argwohn annehmen.

FANGVERWERTUNG IM REVIER

Was geschieht mit den Nutrias und Bisams, die in solchen Mengen gefangen werden? So lecker sich Nutrias auch zubereiten lassen, ist die Nachfrage nach ihrem Wildbret doch überschaubar, zumal bis Mitte 2020 jedes Stück noch auf Trichinen beprobt werden musste. Auch sind der Pelzrohpreis für Nutria, Bisam oder Fuchs so niedrig, dass eine Verwertung diesbezüglich nicht infrage kommt.

Das Wild landet nach wie vor auf den gezielt angelegten Luderplätzen. Das ganze Jahr hindurch Luderplätze zu beschicken, bedeutete auch hier, einen neuen Weg zu beschreiten. Füchse und anderes Raubwild lassen sich schnell mit Bisam und Nutria anlocken. Auf knapp 1000 Hektar wurden vier bis sechs Luderplätze angelegt und bereits nach kurzer Zeit angenommen. Zudem profitierten Greife von den Plätzen, insbesondere in winterlichen Notzeiten können dort oft mehrere beobachtet werden. Mithilfe der Luderplätze gab es keinerlei Probleme, die große Menge gefangener Tiere im Revier zu entsorgen. Raubwild hingegen wurde und wird nach wie vor gestreift, ihr Kern über die Tierkörperverwertung entsorgt.

BEJAGUNG DES FUCHSES

Füchse wurden ebenfalls gefangen, jedoch waren und sind sie insbesondere Anfang Juli leicht mit der Kugel in den Bereichen der Luderplätze zu erlegen. Der zweite Schnitt auf den Mähweiden ist der Zeitpunkt, insbesondere Jungfüchse intensiv zu bejagen. Zudem werden die 2.0-Kunststoffrohrfallen in der 3. Maisreihe mobil mit Ködern aufgestellt. Bis zum Beginn der Maisernte eine gute Alternative.

BETONROHRFALLEN

Neben den Kunststoffrohrfallen werden in „Barßel Lohe 1“zudem Betonrohrfallen unterschiedlichster Modelle eingesetzt. Vorweg: Alle Fallen fangen, angefangen von

Betonrohrfallen wurden im Feld des Reviers „Barßel-Lohe 1" auf 1000 Hektar verteilt.

Holzkastenfallen über Beton- oder Kunststoff oder Kofferfallen.
Die Fänge an den Standorten sind zufriedenstellend, der Durchschnitt liegt pro Betonrohrfalle bei 1,6 Raubwildfängen im Jahr. In einem intensiv mit Fallen bejagten Revier scheint dies, so der Austausch mit anderen Fängern, über Jahre kontinuierlich gleichzubleiben. Werden die Kunststoffrohrfallen ganzjährig an den Gewässern gestellt, kommen die Betonrohrfallen nur von Juli bis Februar zum Einsatz.
Die Betonrohrfallen werden mit Eiern im Sommer, sowie Aufbruch und Kirrkroketten im Winter beschickt. Sie stehen im Feld an fest eingebauten Standorten und fallen über Jahre kaum noch auf. Vandalismus oder Ärger durch Passanten ist an sämtlichen Fallen bislang ausgeblieben, sicherlich ist dies nicht zuletzt der intensiven Öffentlichkeitsarbeit zu verdanken. Jäger machen etwas für die Natur und schützen uns vor nassen Füssen!

HOLZKASTEN- UND KOFFERFALLEN

Holzkastenfallen stehen an den Gehöften bzw. an befriedeten Bezirken unter einem Dach. Fänge von Marder und Iltis sind dort willkommen. Leider hat sich gezeigt, dass die über Jahre im Revier eingesetzten Holzfallen im Feld trotz intensiven Schutzes nach wenigen Jahren zu schnell verrotten.
Die „Schnellfänger", die Kofferfallen, werden ebenfalls nur noch mobil eingesetzt. Bei Raubwildsichtungen wird an lichten Stellen im Feld in der dritten Maisreihe dieser Fallentyp kurzzeitig platziert.
Insgesamt sind 30 Fallen im Revier angeschafft worden. Zwölf Fallen sind permanent am Wasser im Einsatz. 20 Melder schützen die Standorte, zudem sind Funk-Wildkameras an prädestinierten Stellen im Einsatz, um Bewegungen vom (Raub-)Wild zu erkennen.

UNKOMPLIZIERT UND TIERSCHUTZKONFORM

Es zeigt sich, dass Fallen mit einfacher Bedienung und sicherer Wildentnahme eine klare Vorrangstellung in den Revieren haben. Jede Falle fängt! Deshalb ist es vollkommen sinnfrei, Fallen zu bauen und aufzubauen, mit denen zum einen Tierschutz infrage gestellt wird und/oder die Fangentnahme teilweise bis zu einer halben Stunde dauert. Effektive Fallenjagd bedeutet, die Fanggemeinschaften über Meldesysteme nach dem Auslösen der Fallen umgehend zu benachrichtigen. Ohne diese Entwicklung der Melder ist die Fangjagd zum Scheitern verurteilt. Die Entnahme von Wild muss schnell und tierschutzgerecht erfolgen, das ist und bleibt der Maßstab der Fallenjagd im Barßeler Modell. Totschlagfallen werden nicht mehr eingesetzt.

DAS FAZIT – BEEINDRUCKEND!

Elf Jahre sind mittlerweile vergangen, seitdem die erste Kunststoffrohrfalle der Marke Weka invasiv erstmals im Revier erfolgreich gefangen hat. Während dieser Zeit wurde zusammen mit Thomas Vennekel und Georg Achten aus Krefeld neben dem Vertrieb auch die weitere Entwicklung fortgeführt. Besonderes Augenmerk lag dabei neben der tier-

schutzgerechten Fangentnahme auch auf dem Faktor Zeit. Denn mittlerweile stehen im Versuchsrevier über 30 Fallen, die allesamt betreut werden müssen.
Das gemeinsame Ziel im Revier ist es nach wie vor pro Tag einen Fang zu verzeichnen. Dieses Ergebnis haben wir zwar nicht ganz erreicht. Doch alle gefangenen Arten eingerechnet, schnappt an 70 Prozent der Tage im Jahr eine der Fallen im Revier zu. Neben einem hohen finanziellen Aufwand ist dieser Fangerfolg nur mit einem großen zeitlichen Einsatz aller beteiligten Jäger im Revier zu bewerkstelligen. Durch die Entwicklung und Einführung der WeKa invasiv pro spart der Fangjäger mittlerweile deutlich an Zeit. Nachdem der Deckel der Falle geöffnet wird, kann das Wild sicher angesprochen und umgehend versorgt werden. Pro Standort liegt die benötigte Zeit dafür bei weniger als fünf Minuten, bis der Melder wieder scharf gestellt werden kann. Werden Nutriafährten an neuen Standorten im Revier entdeckt, stellt der Jäger eine der bereits im Einsatz befindlichen Fallen um. Das Sozialverhalten der Nutria führt dazu, dass die Fallen, mit denen bereits gefangen wurde, teils nach wenigen Stunden an den neuen Standorten wieder zuschnappen. Und auch an der Beköderung der Fallen wurde in den vergangenen Jahren gearbeitet. Bei einigen Fallen wird mittlerweile auf das innenliegende Trittbrett verzichtet. Anstatt dessen wird ein mit einem Apfel beköderter Stellstab für den Nutriafang eingesetzt. Rattenfänge werden damit deutlich reduziert. Diese Stäbe können bereits daheim beködert werden, damit das eigentliche Fallenstellen noch schneller von der Hand geht.
Abschließend ist anzumerken, dass Kunststoffrohrfallen das ganze Jahr über fängisch stehen. Langfallen wie beispielsweise Betonrohrfallen stehen in der Regel meist nur zur eigentlichen Pelzsaison fängisch. Invasive Arten wie Nutria und Bisam lassen sich jedoch nur mit einer verhältnismäßig hohen Anzahl an Fallen sowie ganzjährigem Einsatz effektiv reduzieren. Bleibt der Einsatz der Fallen aus, wandern Individuen aus umliegenden Gebieten zu, siedeln sich an und vermehren sich.

Mit den richtigen Fallen am richtigen Standort ist den Neozoen Nutria und Bisam sowie dem Raubwild beizukommen. Das beweist das Barßeler Modell unzweideutig.

GRUNDLAGEN DER FANGJAGD

JAGD MIT FALLEN IM JAHRESVERLAUF

Die Jagd mit Fallen ist eine der beständigsten ganzjährigen Jagdmethoden. Durch die mittlerweile ausgefeilte Technik im Lebendfang und die Entwicklung elektronischer Fangmelder stehen dem tierschutzgerechten Einsatz von Lebendfallen über 365 Tage kaum Einschränkungen entgegen.

Je nach der Gesetzeslage in den verschiedenen Bundesländern liegt der Schwerpunkt der Jagd mit Fallen ganz überwiegend auf langfristig eingesetzten Lebendfallen.
Die althergebrachte Lehre, nur dann zu fangen, wenn der Balg reif ist, ist unter den gegenwärtigen Gegebenheiten nicht mehr zielführend. Insbesondere mit Blick auf den Siegeszug der invasiven Arten ist der ganzjährige Einsatz von Fallen heute ein zwingendes Gebot. Die Struktur der Jagdbezirke sollte grundlegend danach ausgerichtet werden. Je mehr Fallen in den Revieren betreut werden können, desto größer ist die Chance, invasive Arten komplett zu eliminieren und indigene Arten im Bestand zu sichern.
Moderne Fallen zeichnen sich dadurch aus, dass sie zuverlässig, tierschutzgerecht und sicher fangen. Die qual- und stressfreie Entnahme des gefangenen Tieres ist zudem zu

IN DER VERKEHRSSICHERUNGSPFLICHT

Derjenige, der eine Gefahrenquelle schafft oder unterhält, steht in der Pflicht, die notwendigen und zumutbaren Vorkehrungen (Sicherungsmaßnahmen) zu treffen, um Schäden anderer auszuschließen.

Fallen ganzjährig aufzustellen – vor allem an Gewässern – ist zwingend notwendig, um invasive Arten kurzzuhalten.

Zwei-Meter-Holzkastenfalle für den Fuchs. Zu Jagdzeitbeginn wird sie fängisch gestellt.

Streunende Hauskatze in einer Kofferfalle. Sie wird als „Fundsache" gemeldet.

Ist keine andere Verwertung möglich, kommen gefangene Nutrias auf den Luderplatz.

gewährleisten. Alle Fallenstandorte müssen den Verkehrssicherungspflichten entsprechen und werden zudem ganzjährig gepflegt und betreut. Die Verkehrssicherungspflicht ist in Deutschland eine deliktsrechtliche Verhaltenspflicht zur Abwehr von Gefahrenquellen, deren Unterlassen zu Schadensersatzansprüchen nach § 823 BGB führen kann.

Im Jahresverlauf werden Fallen-Feld-Standorte ab Mitte Februar auf Durchlauf gestellt. Das gewährleistet, dass keine führenden Elterntiere gefangen werden. Eine Ausnahme bildet hier lediglich die Nutria.
Bereits im April werden Jungfüchse, Jungwaschbären und Jungmarderhunde mit der Falle bejagt. Gerade Jungtiere sind auf dem Weg zur Selbstständigkeit unvorsichtig und leicht zu fangen! Dies gilt für den Einsatz von Lebendfangfallen.
Ganzjährig werden in Lebendfangfallen stromernde Haustiere und insbesondere Katzen gefangen und in Absprache mit Tierheimen bzw. der Gemeinde als Fundsache gemeldet. Das gilt auch für entlaufene oder verwilderte Frettchen, die zunehmend zu einem Problem in vor allem Niederwildrevieren werden. Eingesetzt werden dafür mobile Fallen rund ums Jahr. Die Möglichkeit eines schnellen Standortwechsels zeichnet diese Fallen aus und ist für den Fang von revierenden Katzen, Frettchen und Co. wichtig!
Das ganze Jahr hindurch ist zudem das Ludern, insbesondere im Bereich der Fallenstandorte, von Bedeutung. Das Ködern an den Fallenstandorten ist ebenfalls ganzjährig möglich, jedoch nicht immer zwingend notwendig.
Spätestens ab August sollten alle stationären Fallen und Kunstbauten in Revieren fest eingebaut und auch alle Pflegemaßnahmen an den Fallen abgeschlossen sein.
In der kalten Jahreszeit, von November bis Februar, werden dann alle Fallen im Revier fängisch gestellt.
Wie viele Fallenstandorte im Revier integriert und betreut werden sollen, liegt letztlich im Ermessen des Revierinhabers.

TIPP

Es ist grundsätzlich ratsam, jeden Lebendfang-Fallentyp so zu konzipieren, dass reine Durchlaufsituationen herzustellen sind, ohne das Wippen oder andere Auslösesituationen klappern.

WILDARTEN IM REVIER

Die Palette unversehrt fangender und sofort tötender Fallen ist breit. Welche eingesetzt werden, bestimmt in erster Linie das Vorkommen zu fangender Wildarten im Revier. Spuren und Losungen helfen, das festzustellen.

In den meisten Revieren werden unterschiedliche Wildarten vorkommen. Welche das sind und wann und wo sie auftauchen, zeigen ihre Hinterlassenschaften im Revier.

TRITTE UND SPURBILDER

Spuren sind im Grunde ganzjährig zu lesen, nicht nur bei Schneelage. Bei Schnee ist es natürlich am einfachsten, insbesondere wenn nachts Neuschnee gefallen ist und der Schneefall morgens vor der Dämmerung geendet hat. Unter solchen Bedingungen fällt es auch dem Anfänger nicht schwer, morgens festzustellen, wo welches Wild läuft. Neben den Spurbildern von Haarwild sind unter solchen Voraussetzungen auch die Geläufe von Vögeln leicht zu finden.

Wird nicht erkannt, um welches Wild es sich bei einer Spur oder Losung handelt, sollten Bilder gemacht und diese dann einem erfahrenen Jäger gezeigt werden. An Gewässern und in deren Nähe wird grundsätzlich zuerst gesucht: Hier ist mit Sicherheit etwas zu finden.

Leider bleibt der Schnee in den gegenwärtigen Wintern immer wieder aus, sodass es keine entsprechenden, leicht zu lesenden Spuren gibt. Der Klimawandel macht da auch dem Fallensteller oft genug einen Strich durch die Rechnung. Nun – ohne

Gerade auf feuchten Böden lassen sich Spuren gut erkennen. Hier lief ein Waschbär.

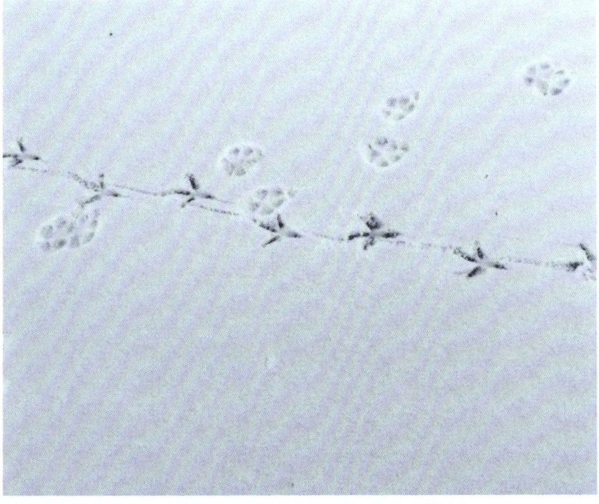

Die Spur eines Fuchses und das Geläuf der Rabenkrähe – im Schnee leicht zu sehen

Nutriaspuren in Ufernähe direkt an der Falle: Hier ist in Kürze mit Fangerfolg zu rechnen.

Hier steht die Spur eines „grauen Flitzers". Wildkaninchen sind in sandigen Regionen besonders häufig.

Auch an einem verluderten Stück sind immer Spuren zu finden.

Altfuchsspur im August, zwei Tage nach einem Gewitterschauer

Nutriabau mit typischen Spuren. Auch die Schleifspur des Schwanzes ist hier gut zu erkennen.

Schnee ist eben dort zu suchen, wo nasse Untergründe „bleibende Eindrücke" hinterlassen. Im Sommer z. B. finden sich insbesondere in abtrocknenden Pfützen sehr gute Spurbilder.
Es ist aber durchaus auch möglich, in einfachem Sand die Tritte und Spuren des Wildes zu entdecken. Wie leicht sie dort zu identifizieren sind, hängt vom Feuchtigkeitsgrad des Sandes ab.
Deutlich einfacher ist allerdings die Spurensuche an Uferböschungen und Teichen. Hier sind sehr leicht Tritte und Spuren am Uferrand zu entdecken.

LOSUNG

Neben den Spuren liefert natürlich auch Losung Hinweise auf Raubwild. Unser Raubwild löst sich vorwiegend an erhöhten Plätzen – schließlich sollen die Artgenossen wissen, wer im Revier anwesend ist.
Eine Ausnahme davon stellt allerdings der Dachs dar: Grimbart sondert seine Losung regelmäßig in selbst gegrabenen Mulden ab. Besonders in der Nähe des Baus sind die sogenannten Dachsaborte oder -latrinen häufig zu finden.
Die Unterschiede in Form und Größe der Losungen sind beachtlich. Zur Bestimmung daher sollte immer ein Größenvergleich (Streichholzschachtel, Patrone etc.) herangezogen und bei Fotografien mit ins Bild genommen werden.
Die Losung ein und derselben Wildart ist in Konsistenz und Farbe auch nicht immer gleich, sondern fällt in Abhängigkeit von der aufgenommenen Nahrung unterschiedlich aus.
Der Blick ins Revier offenbart neben den Spuren auf weichem Untergrund und Losung noch einiges mehr an Hinweisen auf Raubwild.

Steinmarderlosungen aus 4 Jahreszeiten

Mauswiesellosung mit KK-Hülse zum Vergleich

Losung der Nutria

Fuchslosung

Dachsabort

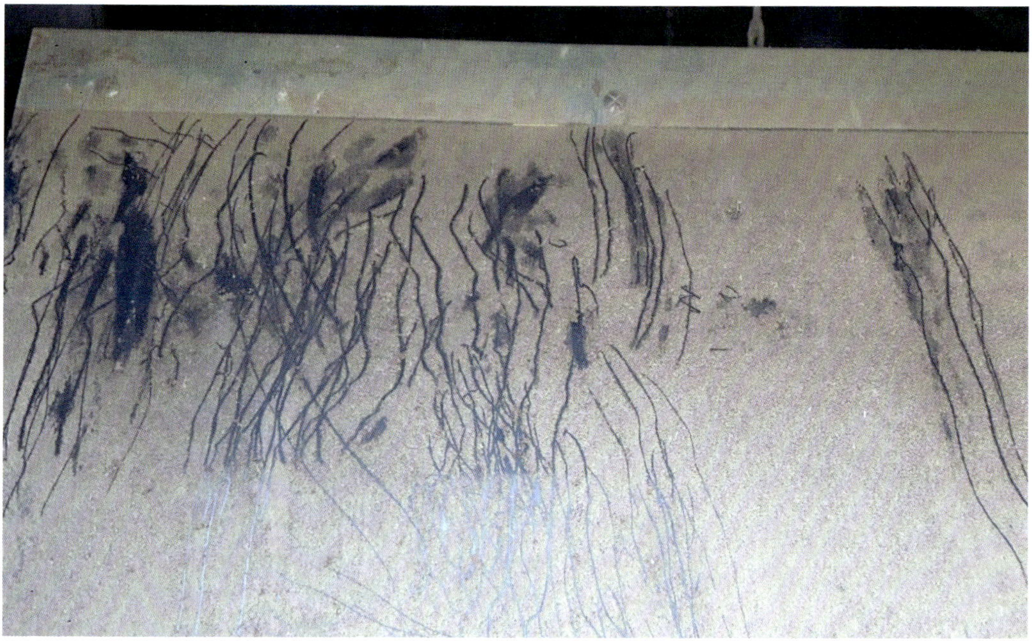

Kratzspur des Fuchses an der Klappe eines Hühnerstalls

Waschbärkratzspuren

WEITERE RAUBWILDZEICHEN

KRATZSPUREN

Kratzspuren von Waschbär, Steinmarder, Baummarder oder Katzen finden sich an Bäumen, aber auch an Häusern. Auf Baumrinde sind sie nicht immer leicht zu entdecken, gut gelingt es vor allem an der Birke.

Kratzspuren einer Hauskatze an einer Birke

BAUE UND VERSTECKE

Naturbaue und *Tagesverstecke* von dürfen bei der Raubwildkontrolle im Revier keinesfalls außer Acht gelassen werden. Insbesondere Naturbauanlagen werden von Fuchs und Dachs regelmäßig angenommen. Die Anlagen und ihr Umfeld verraten eine Menge und verdienen besondere, ganzjährige Beachtung.

Risse und Rupfungen sind weitere wichtige Belege für das Vorkommen behaarten und gefiederten Raubwilds im Revier. Wer sich auskennt, vermag zu unterscheiden, wer der Beutegreifer war.

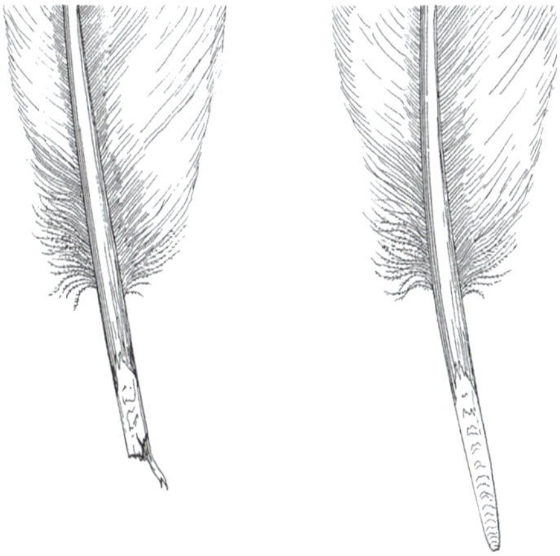

Riss oder Rupfung? Abgebissen (l.), werden sie von Haarraubwild (Riss), ausgerupft und abgeschert von gefiederten Prädatoren.

Naturbaue verraten aufmerksamen Fangjägerinnen und -jägern eine Menge. Dieser Bau ist ganz zweifelsfrei vom Fuchs befahren.

Feldhase, geschlagen vom Habicht

Hier wurde ein junger Eichelhäher gerupft.

FALLENSTANDORTE

Haben Spuren, Losungsfunde und weitere Hinweise einen Überblick über das im Revier vorhandene, für die Fangjagd passende Wild gegeben, geht es an die konkrete Vorbereitung. Es gibt viel zu tun.

Arbeit erwartet vor allem Fangjägerinnen und -jäger, die in neu übernommenen Pachtrevieren ohne Vorerfahrung der Fallenjagd nachgehen möchten. Es kommt jetzt vor allem darauf an, passende Standorte für die Fanggeräte auszumachen und festzulegen.

STANDORTWAHL UND -PFLEGE

Je nach Revierstruktur sind unterschiedliche Faktoren zu berücksichtigen. In einem stark frequentierten Erholungsgebiet ist die Jagd mit Fallen nicht ausgeschlossen, im Gegenteil: In der Nähe von Ruhebänken mit Abfalleimern sind Waschbären leicht zu fangen. Dass an solchen Plätzen allenfalls Lebendfallen aufgestellt werden, niemals aber Totschlagfallen, bedarf hoffentlich keiner besonderen Betonung.
Lebendfallen sind aufgrund ihrer Größe mit dem Problem behaftet, dass sie leicht zu entdecken sind. Ihr Standort ist daher abseits von öffentlichen Wegen gut gewählt. Einen guten Überblick gibt die Revierkarte, die in einer aktuellen Version vorhanden sein sollte.

Luftbildaufnahme: Sicht aus ca. 550 Meter Höhe – ideal für eine Revierfangkarte. Für Fallen sind vor allem die Kreuzungspunkte zwischen Hecken und/oder Wegen bevorzugte Standorte.

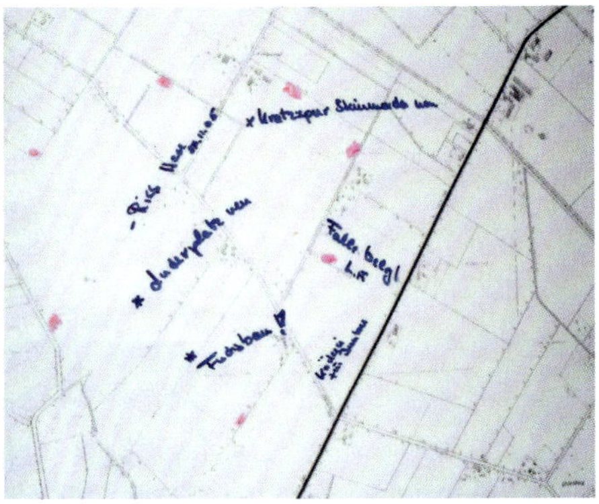

Auf einer laminierten Arbeitskarte werden vor Ort alle wichtigen Informationen festgehalten und zu Hause dann übertragen.

Wer Nutrias fangen will, legt seine Fallenstandorte an Gewässer. Und hier sind Kuststofffallen erste Wahl.

Ist eine solche Karte nicht vorhanden, wird auf Google Earth zurückgegriffen. Die dortigen Aufnahmen sind zwar meist nicht auf aktuellem Stand, Strukturen und insbesondere Hecken und Wege als geeignete Fallenstandorte darauf aber leicht zu finden. Reviereinrichtungen und somit auch Fallen sind auf solch einer Satellitenaufnahme leicht zu markieren. Wird diese Karte mit Kollegen geteilt, ist jeder immer auf dem aktuellen Stand. In vielen Revieren werden seit einigen Jahren Drohnen unter anderem zur Kitzrettung eingesetzt. Doch auch für die Bestimmung von Fallenstandorten lassen sich die Geräte gut einsetzen. Nicht einsehbare Gebiete, die durch Schilf oder breitgesäumte Uferzonen keinen Einblick gewähren, sind mit der Drohne abzufliegen und somit für den Jäger einsehbar. Die Anwesenheit von Nutria oder Bisam kann so durch direkte Sichtungen oder das Ausmachen von Pfaden, Losung oder Fraßstellen bestätigt werden. Wurden Nutria und/oder Bisam bestätigt, kann der Fallenjäger zur Tat schreiten. Durch den Einsatz von Drohnen gelingt es häufig Fallenstandorte zu entdecken, die ohne die Fluggeräte für den Jäger verborgen geblieben wären. Neben der Drohnentechnik kann der Fangjäger auch auf Wärmebildkameras zurückgreifen, die mittlerweile ohnehin in zahlreichen Jägerhaushalten vorhanden sind. Die modernen Geräte können ebenfalls dazu eingesetzt werden, Wild in dichten Vegetationsbereichen wie beispielsweise Schilf zu bestätigen.

Eine Arbeitskarte ist sinnvoll, um vor Ort weitere Informationen festzuhalten und später übernehmen zu können.

Bei der Fallenstandortsuche ist vor allem Sorgfalt bei der Wahl langfristiger Standorte geboten. Betonrohrfallen sind schwer und nicht „mal eben" umzusetzen. Holzkastenfallen sind daher die Lösung für schnelle Standortwechsel im Revier und an Häusern bzw. Gehöften. Kunststofffallen sind für Standorte an Gewässern die richtige Wahl.

Nachfolgende Bilder zeigen auf, in welcher Situation welche Falle eingesetzt werden kann.

Effizient, jedoch nicht unumstritten sind Standorte, in denen Großflächenfallen, wie die Kofferfalle, eingesetzt werden. Der Standort für diesen Fallentyp will gut gewählt sein, soll Ärger vermieden werden. Die Falle ist so auffällig, dass ihr Einsatz im Bereich von Wegen oder Wohngebieten ausgeschlossen ist. Zudem müssen windgeschützte Orte gewählt werden, um Fehlauslösungen zu vermeiden.

Fließ- und Stillgewässer sind für Fallen immer eine Top-Standort! Außer Nutria, Waschbär und Iltis schaut z. B. auch Reineke regelmäßig vorbei.

Eine gute Wahl an Gewässerläufen: leicht umzustellende Kastenfallen

Die Kofferfalle ist eine schnell und effektiv fangende Lebendfalle. Wird sie im Revier aufgestellt, sind unbedingt alle notwendigen Verkehrssicherungsvorkehrungen zu treffen.

In Rundballenlagern sind Lebendfallen effektiv. Sie werden in Absprache mit dem Eigentümer gestellt und vor dem Abtransport der Ballen natürlich entfernt.

Entlang von Zäunen ist der Zwangspass ein vielversprechender Standort.

Auch Steine oder Wegeplatten können nach entsprechender Absprache genutzt werden.

Eine Kastenfalle an einem Gehege ist ein Garant für Fänge ab dem Spätsommer.

Regelmäßig vergrabene Luderbrocken machen das Wild mit dem Fallenstandort vertraut.

STEIG- UND STANDORTPFLEGE

Neben dem Standort ist die Pflege der Steige wesentlich. Dem Spruch „Glatter Gang, glatter Fang!“ ist nichts hinzuzufügen. Im Jahresverlauf sind diese Standorte immer wieder zu harken oder freizublasen. Unterbleibt dies, ist der Fangerfolg gleich null. Bereits nach kurzer Zeit werden Fangeinrichtungen ohne Pflege nicht mehr angenommen, da meist nicht nur die Fangsteige sondern auch die Fallen nicht gepflegt werden. Fangjagd ist Fleißarbeit im Revier!

„Glatter Gang, glatter Fang!“ – So gepflegte Fangsteige sorgen für Fangerfolg.

Auch bei den Ende Mai gestellten Jungfuchsfallen sind penibel saubere Zugänge wichtig.

Werden Fallen nicht gepflegt, darf sich der Fallensteller nicht wundern, dass Fangerfolg ausbleibt.

Ideal präparierter Fallenfangsteig, Ende Mai. Das Wild mag es bequem.

Auch Kastenfallen, die nicht jährlich gründlich gereinigt werden, fangen nicht.

Wer sich auf optische Fangmelder verlässt, braucht zu deren Kontrolle aus der Distanz Sichtkorridore.

SICHTKORRIDORE FREIHALTEN

Wer 25 Fallen im Revier von 1000 Hektar sein Eigen nennt, weiß den Nutzen von Meldesystemen zu schätzen (s. S. 127 ff.). Wird lediglich auf optische Signale zurückgegriffen, ist die Kontrolle mit dem Auto und dem Fernglas zu gewährleisten. Das jedoch kostet Zeit, bringt sehr viel Aufwand und nicht selten die Aufmerksamkeit unliebsamer Personen mit sich. Zudem ist es durch den Anbau von Mais, Getreide usw. oft nicht möglich, die Sichtkorridore freizuhalten. Dies sollte in jedem Fall vor dem Installieren von Fallen an neuen Standorten berücksichtigt werden. Insbesondere im Sommer, zum Fang der ersten Jungfüchse, ist die Vegetation weit vorangeschritten.

UNGEEIGNETE BÖDEN

Oft ist erst nach Jahren zu erkennen, dass der Boden an einem Standwort für z. B. Rohrfallen nicht geeignet war. Nach einigen Jahren sind Rohre versackt, es kommt zu großen Spaltbildungen bei Rohrfallensystemen bzw. zu Fehlauslösungen. Dann müssen die Rohre neu verlegt, das Gestänge gerichtet und die Schieber ersetzt werden.

Werden Jagdreviere aufgegeben, müssen alle darin erstellten Reviereinrichtungen in der Regel entfernt werden. Dies sollte bereits beim Einbau von Fallen berücksichtigt werden. Werden die Einrichtungen übernommen, ist es zudem ratsam, die Anschaffungskosten zu belegen. Je hochwertiger Fallensysteme, desto besser ihr Wiederverkaufswert.

Hier ist zu erkennen, wie stark sich Betonrohre an ungeeigneten Standorten verschieben.

In Hochwassergebieten braucht es Fallen, denen vor allem Wasser nichts anhaben kann.

Eine eingebaute Kippfalle aus Kunststoff hält dem Wasser stand.

Eine Betonrohrfalle wurde neu eingebaut. Die Falle liegt frei und der Erdaushub um sie herum ist noch vollkommen „nackt".

Ca. 1 ½ Jahre nach dem Rohrfalleneinbau hat Mutter Natur für alles gesorgt …

Vandalismus ist ein nicht zu unterschätzendes Problem für die Fangjagd.

ABSICHERN VON FALLEN

Eine Frage, die immer wieder in Seminaren gestellt wird, ist die nach dem Tarnen bzw. Verblenden von Fallen. Im Grunde genommen muss kein Standort getarnt werden, um Wild in die Falle zu locken. Insbesondere Betonrohrfallen werden bereits nach sehr kurzer Zeit vom Wild angenommen. Das Verblenden dient vor allem dazu, die Falle den Blicken anderer zu entziehen.

BEWUCHS UND VANDALISMUS

Ein einfacher, aber ebenso wirksamer Schutz von Standorten sind Brombeeren, die als Stecklinge beim Einbauen der Fallen gleich mit gesetzt werden. Bereits im 2. Jahr wuchern diese Büsche so gut, dass sich Außenstehende nicht ohne weiteres an die Falle trauen. Gleiches gilt für Brennnesseln oder Disteln.

Den Rest überlässt man der Natur. Lediglich die Eingangsbereiche werden ab und an im Zuge der Standortpflege und zu Beginn der eigentlichen Fangzeit (ab Mitte Oktober) nochmals kontrolliert.

Ist einmal ein Standort dem Vandalismus selbst ernannter Tierschützer zum Opfer gefallen, ist grundsätzlich die Polizei zu informieren. Anschließend werden nach der Beweissicherung die Reste entsorgt und zunächst weitere Schritte mit den Jagdgenossen, Revierinhabern und Ausübungsberechtigten besprochen.

WILDKAMERAS

Funk-Wildkameras können im Falle von Vandalismus unter Umständen helfen, die Täter zu ermitteln. Die diesbezüglichen rechtlichen Vorgaben sind allerdings zu beachten.
Der Einsatz von Wildkameras ist unproblematisch, wenn er lediglich der Fallenkontrolle dient und dort stattfindet, wo ausschließlich dem Revierinhaber das Betretungsrecht zusteht, und das ist bei Hochsitzen, Kirrungen usw. und eben auch Fallenstandorten der Fall.
Der Öffentlichkeit frei zugängliche Revierflächen dürfen dagegen nicht mit Wildkameras bestückt werden. Ungewollte Aufnahmen unbeteiligter Personen sind nicht zulässig, das Filmen in der Natur muss unterbleiben. Aufnahmen von Personen sind daher unverzüglich zu löschen, auch wenn diese widerrechtlich Fallen zerstören oder die Fallenjagd behindern. Ein reiner Alarmgeber hingegen, der solche Vorgänge nur akustisch meldet, ist unkritisch.

TIPP

Achtung beim Einsatz von Wildkameras! Datenschutzrechtliche Vorhaben sind unbedingt einzuhalten. Wer das Revier mit Wildkameras „zupflastert" oder gar auf eigene Faust Bilder öffentlich postet, um Randalierer oder Jagdgegner zu ermitteln, verstößt gegen das Gesetz! Ermittlungen sind immer Sache der Behörden vor Ort!

Funkbildkameras geben interessante Einblicke. Aber Vorsicht in Sachen Datenschutz!

FEHLERVERMEIDUNG

Wer rechtzeitig einige Tipps beim Einbau von Fallen beherzigt, vermeidet Fehler und damit Enttäuschungen sowie unnötigen Mehraufwand. Die wichtigsten Grundsätze sollen deshalb hier noch einmal wiedergegeben werden:

1. Der Einbau jeder Falle muss zuvor mit dem Eigentümer des betroffenen Grund und Bodens abgesprochen werden.
2. Wo immer möglich, sind Hecken, Wälle und Dämme als Standorte auszuwählen.
3. Die Bodenbeschaffenheit des Standorts einer Betonrohrfalle muss fest sein, das Fundament ist im Zweifelsfall mit Füllsand zu sichern. Möglich ist auch, Waschbetonplatten oder alternativ, je nach Bauart, Leitplanken als Fundament zu verwenden.
4. Wipprohrfallen müssen eben eingearbeitet werden. Gefälle führt dauerhaft zu Fehlfunktionen der Schieber bzw. zu Gestängebrüchen.
5. Rohrfallensysteme fangen auch oberirdisch. Sie zu vergraben, ist nicht notwendig.
6. Die Rohre von Rohrfallensystemen werden so zusammengefügt, dass kein Licht eindringen kann.
7. Wird das System gesichert, muss die auslösende Mechanik festgestellt sein. Außenstehende dürfen Fallen nicht fängisch stellen können.
8. Alle Standorte werden kartiert und dokumentiert.
9. Sämtliche Anschaffungskosten werden belegt, Aufbauzeit und Arbeitseinsatz dokumentiert.

BEKÖDERUNG

Die Qual der Wahl bei der Ködersuche! Jeder Fangjäger hat seine Erfahrungen mit unterschiedlichsten Ködern gemacht. „Je einfacher, desto besser", lautet die Devise für die Praxis.

Erfolg bei der Fangjagd hängt von vielen Faktoren ab. Neben dem Standort entscheiden der dort herrschende Geruch und natürlich der Köder über Annahme und Nicht-Annahme einer Falle.

FAKTOR WETTER

Nicht zuletzt spielt das Wetter eine entscheidende Rolle. Herrschte über einen längeren Zeitraum Frost und Schnee, hat das Wild Hunger und nimmt die Fallen wesentlich unkomplizierter an. Rohrfallen, die zum Beispiel im Schwarzwald bei Schneelagen über 1000 Meter gestellt werden, fangen deutlich mehr, als Fallen im Flachland. Eins haben nämlich alle Wildarten, die auf Köder reagieren, gemeinsam: Hunger! Verblüffend, wie Fallen, die jahrelang im Dornröschenschlaf vor sich hin fingen (oder auch nicht), urplötzlich wesentlich erfolgreicher fangen, wenn der Hunger einsetzt. Insbesondere bei hohen Schneelagen werden sämtliche Fangstatistiken auf den Kopf gestellt.

„GEWOHNHEIT FÄNGT"

Selbst der ausgefeilteste und noch so bewährte Köder ist so beschaffen, dass mit einem Fallensystem in kürzester Zeit das Revier leer gefangen wird. Nichts ist empfindlicher als die Nase von Raubwild. Braunbären sind in der Lage, kilometerweit Beute zu wittern. Füchse haben ein um bis zu 400-fach ausgeprägteres Geruchsvermögen als der Mensch. Es muss also nicht nach dem Motto „Viel hilft viel" bei der Köderung gearbeitet werden.
Existenziell ist für den Erfolg aller Köder allerdings deren regelmäßiges Ausbringen nach einem akribisch ausgearbeiteten und vorbereiteten Verteilungsmuster! Ob nun mit Handschuhen oder ohne: Sobald sich

Bei solchen Wetterlagen ist Fangjagd unkomplizierter als im Sommer oder Frühherbst.

das Wild auf die Umstände einstellt, ist jeder regelmäßig beschickte Standort interessant und wird wieder und wieder inspiziert.

NATURKÖDER

EIER FÜR DEN MARDER

Eier haben sich als Köder, vor allem für den Fang des Marders, bestens und dauerhaft bewährt. Wird im Haus regelmäßig von derselben Person ein Ei als Köder an die gleiche Stelle gelegt, um den possierlichen Steinmarder zu füttern, gelingt dies bereits nach einigen Wochen zuverlässig. Wer nun aber meint, hier müsse jetzt nur eine Kastenfalle platziert und das Ei dort hineingelegt werden und schon wird gefangen, irrt gewaltig. Denn genau das passiert nicht! Im Gegenteil, die „leichte Beute" Marder meidet ungewohnte, neue Umstände wie eine plötzlich vorhandene Kastenfalle und deshalb den Fangplatz! Auch hier gilt: „Gewohnheit fängt."

(Aus)Legen wie die Hühner

Leichter ist es, Eier an verschiedenen Orten – bevor der Marder in die Falle geht, braucht es ca. 60 Eier! – zu verteilen. Sozusagen ganz zufällig haben „die Hühner" die Eier gelegt, sodass der Marder diese Plätze gezielt absucht. Die Kastenfalle steht einfach nur da, gesichert, ohne dass irgendwas passiert.

Das gute, alte Hühnerei hat sich als Marderköder bestens bewährt.

300

Zum Film: Raubwild an der Falle

Ist die Zeit gekommen, das der Marder sicher an den gleichen, in der Nähe der Falle befindlichen Stellen Eier ohne Argwohn nimmt, kann die Falle fängisch gestellt werden. Ab nun wird nur noch an und in der Falle geködert.

Zeitlicher Ablauf

Das Ködern beginnt im Juli/August, wenn die Jungmarder selbstständig werden. Es reicht schon das regelmäßige Einlegen von Ködern in Fallen, um eine Annahme des Wildes zu gewährleisten.
Bis November – dann sind die Bälge reif – ist dann der Zeitpunkt zu wählen, an dem die Fangeinrichtung scharf gestellt wird. Nach erfolgreichem Fang hilft eine Wildkamera, sich ein Bild davon zu machen, ob weitere Marder im Revier vorkommen. In der Regel werden nach dieser Methode zwei bis drei Steinmarder in einer Saison am Haus je Falle gefangen.

Eivorbereitung und -montage

Für den Fang bzw. die Fallenbeköderung werden Eier behandelt bzw. präpariert wie folgt: Zunächst wird aus einer Weidezaunlitze der feine Draht auf ca. 30 cm Länge entnommen. Dieser Draht wird um ein rohes Ei gelegt und mehrfach eingeschlagen. Dann wird der gesamte Verlauf des Drahtes entlang des Eis mit Eigelb bestrichen. Nach einem Tag ist das Eigelb getrocknet und wirkt wie Kleber.

TIPP

Hat sich versehentlich eine Hauskatze in einer für den Marder gestellten Kastenfalle gefangen, kommt es unweigerlich zu Verzögerungen im Fangverlauf. Adrenalin, Pheromone oder andere ungewohnte Gerüche des Stubentigers in und an der Falle werden vom Marder wahrgenommen.

01

04

Das Einhängen des so präparierten Ködereis ist leicht zu bewerkstelligen. Um sich Arbeit zu ersparen, werden gleich mehrere Ködereier mit dem Prinzip angefertigt. Sie können sowohl in Lebendfallen als auch für Eiabzugeisen verwendet werden.
Fallensysteme werden am besten mit Eiern bestückt, in dem man den Köder einfach hineinrollen lässt. Ein einfacher kleiner Klecks des Ei-Inneren zusätzlich am Eingang des Systems reicht aus, um Marder hereinzulocken. Wenn sonst alles passt!
Wenn alles wie beschrieben ausgeführt und die Falle regelmäßig beködert wurde, kann nur ein wesentlicher Punkt Fangerfolg verhindern: Ist der Standort nicht gut gewählt, nutzt der beste Köder nichts!

02

03

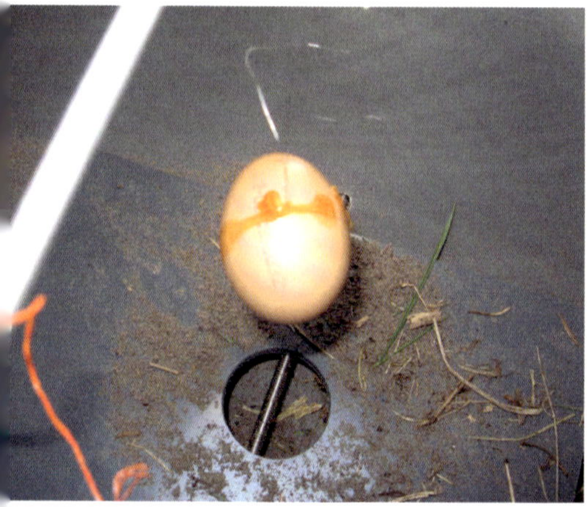

05

06

01 Ein feiner Draht wird um ein Ei gelegt und verknotet.

02 Anschließend tröpfeln wir mit einem Pinsel das Eigelb über den Draht.

03 Ist das Eigelb getrocknet, sitzt der Draht fest am Ei. Der Köder kann jetzt in die Falle eingebracht werden.

04 Das Ei darf ruhig mit der Hand berührt werden, bevor es in die Falle kommt. Der Geruch macht insbesondere dem Jungwild nichts aus. Je besser das zu fangende Wild daran gewöhnt ist, desto einfacher verläuft der Fang.

05 Mit der dargestellten Methode lässt sich ein Ei, wie hier, auch in die Falle einhängen.

06 Zur Gewöhnung an den Standort sind Eier die Köder erster Wahl. Hier wurde eines im Eingangsbereich einer Renkenfalle platziert.

Warum blaue Eier – hier mit etwas Lockpaste bestrichen – den Fangerfolg steigern, ist noch unklar. Fakt ist: Sie tun es.

BLAUE EIER

Als besonders gut fangende Köder haben sich Eier erwiesen, die mit einfacher Lebensmittelfarbe blau gefärbt wurden. Worauf ihr Erfolg beruht, ist noch nicht wirklich bekannt. In der Falle befestigt werden sie wie andere Eier auch. Blaue Kunsteier sind mittlerweile schon auf dem Markt erhältlich.

LUDER

Mit Fallwild zu ludern, ist ein Garant für den Erfolg eines Fangplatzes. Wie schon erwähnt sind bei Schneelagen mit einhergehendem Dauerfrost die Fangerfolge deutlich besser. Dies gilt für alle Fallentypen und alle Köderarten – also auch das Luder.

RUHE AM FANGPLATZ

Trotz alle Köder ist jeder Fangplatz nur so gut, wie der einzelne Fänger damit umgeht. Je weniger Bewegung am Standort, umso größer der Fangerfolg. Wechselnde Gerüche unterschiedlicher Personen an Fallenstandorten sind kontraproduktiv.

KUNSTKÖDER

Verwendung im Revier und am Haus finden auch künstliche Köder aus der Tube. Auch andere Kunstköder aus dem Handel machen einen Fallenstandort für das Wild interessant..

Der von Thomas Berner entwickelte Lockstoff „Wildmagnet" fördert die Standortannahme. Schon wenig davon reicht aus.

Jeder Standort wird grundlegend mit Ködern (hier Kunstköder) versorgt.

OBST UND MAIS

Sumpfbiber und Bisamratte zu ködern, ist kein Problem. Insbesondere diese Schadnager lassen sich leicht mit Karotten, Äpfeln oder Maispellets fangen. Ein Standort am Gewässer wird hierzu gezielt ausgewählt. Und wieder einmal kommt es auf das regelmäßige Ausbringen des Köders im gesamten Jahresverlauf und nicht nur zum eigentlichen Fang der Tiere an. Ob dabei die Falle in der Nähe des Lockfutters oder in einiger Entfernung steht, ist unerheblich. Wurde auch sonst alles richtig gemacht und ist es dann so weit, können innerhalb von nur 24 Stunden durchaus vier Kreaturen erbeutet werden.

Bekannt ist, dass alles Raubwild versessen auf Zucker ist. Fallobst, vor allem auch Pflaumen, das im Herbst unter den Bäumen und Sträuchern in den Gärten liegt, ist ein Magnet für Raubwild. Oft kann hier bereits der erste Hinweis auf das Wild genutzt werden, um in der Nähe einen sicheren Standort für eine Falle zu platzieren. Im Winter können Dörrobst oder Rosinen als Köder verwendet werden. Insbesondere Waschbären sind geradezu versessen auf die süßen Lockmittel.

FISCH

Fisch hat sich als Köder sich insbesondere für Waschbären und den Amerikanischen Nerz oder auch Mink bewährt. Voraussetzung für die rechtliche Zulässigkeit dieses Ködermittels ist, dass der Fisch direkt im Revier, z. B. an einem Fischteich, gewonnen werden kann. Wird an einem gewählten Fangstandort beständig mit Fisch angefüttert, zieht es insbesondere Waschbären immer wieder an den Ort, der leichten Fraß verspricht. Im Gegensatz zum Marder wird diese eingebürgerte Kleinbärenart vergleichsweise schnell auch in Lebendfallen gefangen, die erst kürzlich aufgestellt wurden. Sie ist ganz offenbar unempfindlicher gegenüber Neuem und weniger misstrauisch als der Marder.

Bei Niedrigwasser wird in dieser Betonrohrfalle mit Äpfeln geködert. Obst ist begehrt.

KATZENFUTTER UND FERTIGFUTTER

Insbesondere durch die Konsistenz ist in der Falle zugelassenes Katzenfutter auch aufgrund der Verpackung leicht zu handhaben. Im Revier wird das Futter direkt mit Verpackung in die Lebendfalle platziert. Diese wird vom Raubwild aufgerissen, insbesondere der Waschbär ist da ein Spezialist. Auf dem Luderplatz damit zu ludern, ist in der Regel nicht zulässig oder zielführend.

Für das ganzjährige Einbringen von Ködern als wichtigem Baustein für den Erfolg eines jeden Fängers – „Gewohnheit fängt" – hat insbesondere Fertigfutter aus dem Heimtiermarkt eine besondere Bedeutung für die Fangjagd. Der Köder ist jederzeit zu beschaffen, immer gleich und sehr leicht so in die Fallen zu platzieren, dass Mäuse hier keine Chance haben. Auch dieser Köder ist nur in einer Falle zulässig.

MARMELADE

Insbesondere „Süß" fängt Marder. Da Marmelade einen hohen Zuckeranteil enthält und deshalb kaum schlecht werden kann, bietet sich auch damit das ganzjährige Ködern an.

WEITERE LOCKMITTEL

ANIS

Neben den beschriebenen Ködern hilft es, einige wenige Tropfen Anis in die Fallenkörper zu tropfen. Anis hat eine besondere Bedeutung für das Raubwild, insbesondere Stein- und Baummarder als Allesfresser lassen sich damit relativ leicht zu einem Standort locken. In Verbindung mit Eiern wird das Raubwild schnell vertraut und nimmt dann Lebendfallen leichter an. Wesentlich ist, nur geringe Anismengen zu verwenden: Nicht der Fänger muss den Köder riechen können, sondern das Raubwild!

SEKRET UND LOSUNG

Nutrias lassen sich mit dem arteigenen Sekret der Analdrüse bereits gefangener Kolonietiere und der Losung von Artgenossen hervorragend anlocken und fangen. Das Sekret und/oder die Losung werden einfach in der Falle platziert. Das gilt genauso für Marder, Iltis oder Dachs.
Fuchslosung funktioniert dagegen nicht als ausschließlicher Fallenköder. Der Fangplatz kann aber mit an erhöhten Stellen ausgebrachter Fuchslosung durchaus interessant gemacht werden.

TIPP

Wurde ein Tier einer Nutriakolonie entnommen, fangen sich weitere Koloniemitglieder oft schon nach wenigen Stunden!

SCHWEISS

Ein weiteres Mittel, Prädatoren in die Falle zu locken, ist der Schweiß erlegten Wildes. Besonders im Winter wirkt dieser Köder geradezu magnetisch.

WAS TUN BEI MISSERFOLG?

Die Falle, deren Hersteller verspricht, sie sei die ultimative Falle schlechthin, ist gestellt, sämtliche Köder wurden ausprobiert ... Trotzdem ist der Fangerfolg mager oder ganz ausgeblieben. Warum nur?
Geduld, und nicht die Flinte ins Korn werfen: Beobachtungen, insbesondere mithilfe von Wildkameras, geben häufig Aufschluss über Erfolg oder Misserfolg einer Falle bzw. eines Fangplatzes. Jede Falle fängt – ob mehr oder weniger, hängt von den Umständen ab. Erzwingen jedenfalls kann man keinen Fangerfolg.

Sekretentnahme bei einer Nutria. Wird das Material in eine Falle gestrichen, lockt es Artgenossen an.

Erlegtes Wild bleibt einige Minuten in der Falle. Sein Schweiß lockt später anderes Wild an.

LUDERPLATZ IM REVIER

Neben der Anlage von Kunstbauten zur Bindung von Fuchs und auch Dachs ans Revier sind ganzjährige Futterplätze eine der tragenden Säulen der Raubwildbejagung. Am verlockenden Luderplatz können Fuchs, Marder & Co zur Strecke kommen, aber auch „nur" bestätigt werden.

Ein Luderplatz bietet für viele Raubwildarten immer einen reich gedeckten Tisch. Und dieser Tisch wird vom Jäger künstlich angelegt und rund ums Jahr gepflegt. In der Literatur werden unterschiedliche Formen der Anlage von Luderkirrungen beschrieben, die zu ihrer Zeit sicherlich ihre Berechtigung hatten. Eingelassene Betonrohre, die zu ganzjährigen Madenzuchtanlagen verkommen, gehören allerdings der Vergangenheit an und sind fehl am Platz!

Der Luderplatz bietet oft die Chance, im Revier kostengünstig mehr Rote Freibeuter auf dem Ansitz zu erlegen, als es hoch technisierten Fallen und mit einem enormen Aufwand möglich wäre. Schon so mancher Revierinhaber hat sich gewundert, dass Füchse sich auf diese Art erbeuten lassen.

DIE ANLAGE VON LUDERPLÄTZEN

Zeitgemäße Kirrstellen sind so im Revier anzulegen, dass sich niemand daran stört. Zu ihnen gehören auch Luderplätze und gerade sie müssen dezent ausfallen. Werden die Seuchenhygiene und die Verbote beachtet, spricht nichts gegen diese Reviereinrichtungen. Verboten ist grundsätzlich

— das Ludern in der Nähe öffentlicher Plätze (Sportplatz, Wanderwege, sonstiger befriedeter Bezirke usw.),
— die Anlage von Luderplätzen in Wasserschutzgebieten oder an Wasserzügen,
— das Ausbringen von toten Haustieren oder Schlachtabfällen.

LUDERN RUND UMS JAHR

Das Bestücken der Luderplätze ist ganzjährig möglich und sehr vielversprechend. Fallwild oder die Innereien eines erlegten Stück Rehwildes sind ein hervorragender Anfang, insbesondere um Füchse in die Nähe von Ansitzeinrichtungen zu bekommen.

Zu diesem Zweck werden faustgroße Fleischbrocken eingefroren und nach und nach regelmäßig in Abständen von 14 Tagen in die Ludergrube eingebracht. Wer viele kleine

An gut angenommenen Luderplätzen ist „die Hölle los".

Luderbrocken einfriert, kann sie später mit Wasser auffüllen und als „Eisbombe" auch im Sommer nutzen. Dafür sind z. B. gerade die rasant angestiegenen Arten Bisam und Nutria hervorragend als Luder zu verwerten. Sie werden gern vom Raubwild angenommen (s. Spezial „Das Barßeler Modell", S. 30 ff.).

Im Sommer wird das Luder wegen des hohen Insektenbefalls grundsätzlich so vergraben, dass der Fuchs an mehreren Stellen auf ca. 5 × 5 m an den Platz gebunden wird. Es reicht aus, das Luder etwa 10 cm tief zu vergraben. Je mehr der Fuchs an kleinen Luderbrocken zu tun hat, umso länger hält er sich am Luderplatz auf. In Gebieten mit großen Vorkommen an Bisam und Nutria steht dem Raubwildjäger damit eine schier unendliche Quelle für Luderbrocken zur Verfügung.

Eine Gärung des Luders, z. B. eingebrachte Tauben oder Enten, denen zuvor die Brüste entnommen wurden, sorgt für die entsprechende Reife nach einiger Zeit. Wie viele Luderplätze im Revier anzulegen sind, wird unter anderem aufgrund der anfallenden Menge von Wild entschieden. Im Mittel kann mit einem Luderplatz pro 200 Hektar Revierfläche geplant werden.

TIPP

Bei schlechten Lichtverhältnissen ist die Jagd am Luder oft kaum möglich. Hier hilft ein großflächiges Verteilen heller Strohschnitzel im Bereich der Ludergrube. Konturen erkennt man dann deutlich besser.

REVIERBINDUNG ZUERST

Rund um den Luderplatz muss nicht immer freies Schussfeld gegeben sein. Werden die Luderbrocken in einem Feld mit gutem Bewuchs (z. B. Maisfeld) vergraben, nimmt das Raubwild den Platz deutlich besser an. Es muss nicht zwangsläufig sofort am Luderplatz erlegt werden, zunächst geht es um die Bindung an den Ort. Sind die Bälge dann reif und ist der Maisacker schon lange geerntet, kommt das Raubwild an die gewohnten Stellen, und jetzt ist das Schussfeld frei.

UNFALLWILD

Es hat sich bewährt, verunfalltes Schalenwild (in der Regel Rehwild) im Winter als Futterplatz für Milane, Mäusebussarde, Seeadler und weitere Arten in Naturschutzgebieten auszulegen. Ein offen aus-

Am Luderplatz verteilte Strohschnitzel verbessern die Sicht bei Dunkelheit.

Luderplatz am Maisfeldrand. Wird es im Herbst interessant, ist der Platz frei.

Diese Betonrohrfalle wurde mit Pferdemist eingegraben. Dessen Kerntemperatur liegt auch bei Frost lange im Plus, sodass die Luderbrocken im Mist für das Raubwild verfügbar bleiben.

gelegtes Stück mag dem Außenstehenden zunächst bedenklich erscheinen, bei genauerer Betrachtung und Aufklärung erschließt sich jedoch auch ihm der Sinn solchen Tuns. Es ist ganz natürlich, dass Wild als Nahrung für andere Arten dient. Ob aber für Greife oder den Fuchs – aus seuchenhygienischen Gründen wird niemals krankes Fallwild ausgebracht! Tauben mit Pocken sind im Revier ebenso fehl am Platz wie Schlachtabfälle!

PFERDEMIST

Wenn die Möglichkeit gegeben ist, sollte der Luderplatz – nach Absprache mit dem Jagdgenossen – mit Pferdemist angelegt werden. Pferdemist hat fast immer eine Kerntemperatur im Plusgradbereich und lässt das Raubwild auch bei längeren Frostperioden noch an die ausgelegten Luderbrocken im Mist gelangen.

„ACCESSOIRES" – FALLEN UND WILDKAMERAS

Die Kombination von Fallen mit einem Luderplatz ist empfehlenswert und kann für sehr gute Fangerfolge sorgen. Ein bewährtes und fast schon unbedingtes Muss ist die Installation von Wildkameras an den Luderplätzen des Reviers. Diese Kameras geben genauen Aufschluss über die anlaufenden Raubwildarten, deren Aktivitäten und auch Aktivitätszeiten.

SCHLEPPEN

Gezielte Schleppen zum Luderplatz hin können den Erfolg deutlich erhöhen. Dazu wird ein Sack oder Netz mit Aufbruch gefüllt. Der Transport in einem Eimer sichert die Flüssigkeit, erst am Luderplatz wird dann der Inhalt sternförmig bis zu 500 Meter gezogen. Gegebenenfalls wird ein verunfallter Hase in gleicher Weise gezogen und wieder auf den Platz verbracht. Ob nun zum Luderplatz hin oder von ihm weg geschleppt wird, spielt wohl keine Rolle. Wichtig ist, dass der Bereich genügend Witterung verströmt.

DIE JAGD AM LUDERPLATZ

Ein guter Monat für die Jagd am Luderplatz ist bereits der Juli. Die Jungfüchse sind von dem Familienverband dorthin geführt worden, wo es immer etwas zu fressen gibt.

Insbesondere nach dem in der Regel zweiten Schnitt des Grünlands,gelingt es bereits kurz vor Anbruch der Dämmerung, die ersten Füchse zu erlegen. Es ist durchaus möglich, an einem Abend so mehrere Füchse zu erlegen. Im weiteren Verlauf des Jahres werden Füchse immer vorsichtiger.
Eine Balgverwertung ist zu dieser Zeit noch nicht möglich, dennoch sollte bereits sehr streng gejagt werden. Bis September gelingt es recht regelmäßig, Raubwild am Luder anzutreffen. Später im Jahr werden die Füchse wesentlich vorsichtiger.
Ab dem ersten Novembermond können dann die Raubwildbälge verwertet werden. Leider ist während der Ranz im Dezember und Januar das „Fuchs-Verkehrsaufkommen" am Luderplatz deutlich geringer. Reineke ist im Liebesrausch und findet nicht die Zeit zum Fressen.
Unabhängig von der Jahreszeit gilt innerhalb der Jagdzeit immer: Mondnächte sind Ansitznächte, und wer sitzt, hat Erfolg.

AUF 100 METER MIT DEM REPETIERER

Die Erfahrung zeigt, dass der günstigste Abstand zwischen Luderplatz und Ansitzeinrichtung 100 Meter beträgt. Ein gutes Hilfsmittel sind Pflöcke, die in entsprechender Entfernung dem Schützen als Markierung dienen. Gerade unerfahrene Jäger schätzen diese Hilfsmittel am Ansitz.

TIPP

Markierungspflöcke können mehr als nur definierte Entfernungen anzeigen. Mit geeigneten Mitteln präpariert, vermögen sie auch, Raubwild anzulocken. Wildluren oder Fuchsurin sind solche Mittel. Derartige „Infozentren" werden von Raubwild auch ohne Ludern immer wieder angenommen.

Die hochrasante .223 Remington ist ideal für weitere Schüsse auf den Fuchs.

Raubwild kommt deutlich näher heran als 100 Meter, ohne Frage. Und natürlich kann der Fuchs mit 3 bis 3,2 mm Schrot aus der kombinierten Waffe nur auf maximal 30 Meter beschossen werden – eine Repetierwaffe ist jedoch deutlich schneller, wenn es um das Nachladen geht!
Es hat sich bewährt, mit hochrasanten Kalibern wie .17 HMR oder .223 Remington zu jagen. Zusammen mit einem 3,6 Gramm schweren, balgschonenden Vollmantelgeschoss einer günstigsten Einschussentfernung (GEE) von knapp 200 Metern sind diese Kaliber ideal.
Der Fuchs kommt häufig dann, wenn man einfach nicht mehr mit ihm rechnet. Im Fernglas wird die Bewegung wahrgenommen, und nun gilt es, das Wild sicher ins Zielfernrohr zu bekommen. Ein lichtstarkes Zielglas ist auf jeden Fall eine sinnvolle Investition. „Mondnächte sind Ansitznächte und nur wer sitzt, hat Erfolg", lautete ein Spruch begeisterter Ansitzjäger über viele Jahrzehnte. Doch mit der Einführung von Nachtsicht- sowie Wärmebildtechnik und der schrittweisen Zulassung der Technik für die Jagd auf Raubwild (Landesgesetze beachten), ist der vorgenannte Spruch überholt. Denn die moderne Technik ermöglicht es uns, in der Nacht unabhängig vom Mondlicht zu jagen.

FROST UND SCHNEE

Bei Frost und Schnee sind jedes Geräusch und jede Bewegung in der Kanzel zu viel. Die Waffe wird fertiggeladen möglichst so positioniert, dass so gut wie keine Bewegung mehr vor dem Schuss notwendig wird. Selbst das Entsichern der Waffe nimmt der Fuchs auch auf 100 Metern noch war. Umgekehrt ist es bei absoluter Windstille und frostigen Nächten dem Jäger möglich, den Fuchs gut zu hören – vorausgesetzt, dass kein Straßenverkehr stört.

„Wann kommt der Fuchs?" entscheidet Reineke ganz allein.

WANN KOMMT DER FUCHS?

Aus den Aufzeichnungen der Wildkameras wird schnell ersichtlich, wann sich Fuchs, Marder oder anderes Raubwild am Luderplatz aufhalten.

In den ersten Juliwochen bringen Ansitze bereits vor Anbruch der Abenddämmerung Erfolg. Je weniger Störung im Revier, umso früher ist das Wild auf den Läufen. Und für den Morgen gilt: „Begrüßt die Amsel den Tag, ist der Fuchs noch auf den Branten!" Generalisieren kann man solche Aussagen aber nicht, denn die Aktivitäts- und Anlaufphasen sind in Revieren sehr unterschiedlich, wie die Erfahrung zeigt.

Abschließend sei erwähnt, dass die Füchse kommen, wie und wann *sie* wollen, und nicht, wie es der Jägerin oder dem Jäger am besten passt. Am Ende lässt nur die Gewöhnung an den Luderplatz das Wild mit dem Ort vertraut werden und zunehmend seinen Argwohn verlieren.

Ist das einmal erreicht, stellt sich der Erfolg unweigerlich ein.

Wildkameras informieren über die Besucher des Luderplatzes und den Zeitpunkt der Besuche.

FALLEN- UND STANDORTPFLEGE

Die Säulen erfolgreicher Fangjagd sind das Beobachten von Beutegreifern bzw. invasiven Arten im Revier, die Fallen natürlich, die Köder, sowie deren Pflege und die Pflege ihrer Standorte. Deshalb sollen hier noch einmal die wichtigen Bereiche Köder, Fallen- und Standortpflege in Bildern angesprochen werden

KÖDER

Köder müssen ganzjährig zur Verfügung stehen. Dafür kann eine eigens angeschaffte Gefriertruhe von Vorteil sein. Hier finden dann auch erlegtes Wild, Bälge und Felle, die nach der Saison gesammelt zum Gerber geschickt werden, einen Platz. Neben selbst hergestellten Nassködern sind im Handel angebotene, unterschiedliche Trockenköder oder Tubenware erhältlich. Damit ist keine Bevorratung in großen Mengen nötig.
Eier sind die Hauptgrundlage für die Beköderung im Revier. Sie können jederzeit verwendet werden.

Die „Trapperbox" – unentbehrliches Hilfsmittel des Fangjägers. Sie enthält nützliche Ausrüstungsgegenstände aller Art.

WERKZEUGKISTE

Bei Revierfahrten ist es immer ratsam, eine Werkzeugkiste mitzunehmen, in der Hilfsmittel für notwendige und einfach auszuführende Arbeiten oder auch Reparaturen zur Verfügung stehen. Ein Schraubenzieher, reißfeste Schnur, Bindedraht, Schrauben etc. sind dann immer griffbereit. Für den Fangjäger empfiehlt es sich daher, im Laufe der Zeit auch Pflegegeräte wie Freischneider und Laubbläser anzuschaffen.

STANDORTEINRICHTUING UND -PFLEGE

Fallensysteme sind erfolgreich, solange sie und ihr Standort entsprechende Wartung und Pflege erfahren. Zugewachsene Fallen und Fangsteige werden deutlich schlechter angenommen als regelmäßig offen gehaltene. Beide Maschinen sind bei der Anlage von Fangsteigen unerlässlich. Es ist zudem sinnvoll, einen Akku-Hochdruckreiniger verfügbar zu haben. Fallen gleich im Revier zu reinigen, ist für einen fortlaufenden Fangerfolg vorteilhaft. Als geradezu unverzichtbar hat sich der Hochdruckreiniger zum Säubern von Werkzeug, Stiefel, Wannen usw. erwiesen.

01

02

03

01 Ab Mitte Juni verleitet das Getreide die Jungfüchse, eigene Wege zu gehen. Jetzt gilt es, die Fangsteige einzurichten.

02 Eine Ackerfurche bietet einen nahezu perfekten Gangverlauf.

03 Mit einem Freischneider werden nun die Fallenzugänge freigeschnitten.

04

05

07

06

04 Auch überhängendes Gras wird großzügig entfernt.

05 Anschließend werden Fangsteig und bei Rohrfallen das System mit dem Laubbläser durchgepustet.

06 Werden die Betonrohrfallen mit dem Akku-Hochdruckreiniger und Wasser gereinigt, scheint sich das positiv auf den Fangerfolg auszuwirken.

07 Am Ende steht ein gepflegter Fallenstandort.

08 Zuletzt werden die Fallen mindestens einmal komplett getestet und das innen liegende Gestänge auf Risse oder Brüche geprüft. Die Schieber müssen schnell und unkompliziert fallen.

09 In der Umgebung werden dann Köder ausgebracht. Ob Köderbrocken oder Luder – der Platz um die Falle muss attraktiv gemacht werden.

10 Auch künstliche Köder machen die Fallenumgebung interessant. In der Falle selbst wird mit sehr geringen Mengen Lockstoff gearbeitet.

09

08

10

UNVERSEHRT FANGENDE FALLEN

VORBEMERKUNGEN

Das Tierschutzgesetz und die Bundesartenschutzverordnung regeln eindeutig, welche Fallen in den Jagdrevieren und auf befriedeten Bezirken zulässig sind und – im Umkehrschluss – welche nicht. Groß waren die Sorgen, die Fangjagd werde durch Änderungen in der Gesetzgebung massiv eingeschränkt.

Diese Befürchtungen haben sich nicht bewahrheitet. Ganz im Gegenteil haben sich geänderte Gesetzesvorgaben positiv auf die Vielfalt der Fallen ausgewirkt: Eine noch nie da gewesene Zahl unterschiedlichster, tierschutzgerechter Fallentypen hat sich in der Folge etabliert.

Bei allen Fallensystemen steht im Vordergrund, dass sie unversehrt, tierschutzgerecht und effektiv fangen. Daher sind z. B. alle Drahtkastenfallenkonstruktionen mit Ausnahme von Jungfuchsfallen nach tierschutzrelevanten Kriterien auszuschließen. Unzulässig sind auch Reusen oder Netze. Diese Fallentypen sind zudem auch im Jagdrecht geregelt bzw. verboten.

Grundsätzlich unterscheiden sich lebend fangende Fallen hinsichtlich ihres Materials und der Auslösefunktion. In den letzten Jahren haben sich, nicht zuletzt aufgrund der enormen Zunahme invasiver Arten, unterschiedliche Fallen Holz und Kunststoff sowie Betonröhren auf dem Markt durchgesetzt.

Alle Fallen fangen! Wo liegen also die Unterschiede?

Fangnetze – und der Singvogelfang – sind in Deutschland längst verboten.

BETONROHRFALLEN

Aufgrund seiner Stabilität und Witterungsbeständigkeit hat Beton als Baustoff für Röhrenfallen in vielen Jagdrevieren Einzug gehalten. Betonrohrfallen sind in erster Linie darauf ausgelegt, an dauerhaften und erfolgversprechenden Standorten über Jahre hinweg Raubwild zu fangen.

Zu Betonrohrfallen existieren die unterschiedlichsten Systeme. Dazu zählen unter vielen anderen das *Spittlersystem*, die *Betonrohrfalle nach Ammann*, *Wipprohrfallen* in jeglicher Form sowie das *Krefelder System*. Daneben finden sich Blockaderohre wie das *Rieselfelder System* oder die *Renkenfalle*. Allen Rohr-Fangsystemen aus Betonröhren ist gemeinsam, dass in der Regel innen liegende, geschützte Gestängeauslöser eingesetzt werden, die zudem in geschützten Konstruktionen verbaut sind. Die Gestänge sind geschweißt bzw. verschraubt und in der Regel rostfrei, also langfristig verwendbar.
Dies gilt ebenfalls für die herunterfallenden Klappen, Türen oder Schieber. Verzinktes Material ist für die Metallteile erste Wahl.

ERFOLGSGARANT SCHNEE

Betonrohrfallen werden nicht grundsätzlich beködert, vielmehr fangen sich gerade Jungfüchse infolge ihrer Neugierde bzw. des Belaufs des Fallenkörpers durch Feldmäuse. Hunger treibt Füchse in Fallen! Besonders bei Schneelage sind deutlich mehr Fuchsfänge zu verzeichnen. Liegen diese Fänge in Feldrevieren mit Betonrohrfallen bei durchschnittlich 1,6 im Jahr, so ist die Zahl der Fänge im Hochgebirge mit Schneelagen deutlich höher. Hier können es, je nach Witterung, zehn bis zwölf Füchse pro Falle innerhalb von nur wenigen Monaten sein. Werden die Fallen bei Schnee zudem mit Luder beködert, steigert das den Fangerfolg noch einmal beträchtlich.

Jungfuchs in einer Beton-Wipprohrfalle

In höheren Lagen (hier Schwarzwald) sind, vor allem im Wald, deutlich mehr Fänge als in der Ebene zu verzeichnen. Hier eine komplett umbaute Wipprohrfalle mit Abfangkorb.

Jede Falle fängt, jedoch sind es die feinen Unterschiede einzelner Fallentypen, die unter Umständen für mehr oder weniger Erfolg sorgen.
In hoch gelegenen Revieren, und hier vor allem im Wald, wird aufgrund der härteren Witterungsbedingungen deutlich besser gefangen als in der Ebene.
Schneelagen haben in der Fangjagd also eine besondere Bedeutung. Alle Fallen müssen daher so ausgerichtet und vorbereitet sein, dass bei Schneefall und anschließenden Frosttagen eine einwandfreie Funktion gewährleistet ist.

Eine Wipprohrfalle mit hängendem Rohr (System Kayser) wurde in einem Feldrevier aufgebaut.

RASCHE ERSTFÄNGER

Erfahrungsgemäß werden Betonrohrfallen bereits innerhalb weniger Tage nach dem Aufbau angenommen. Füchse sind Kulturfolger, hier spielt es also grundsätzlich keine Rolle, aus welchem Material ein Fallentyp besteht. Wenn sich über Monate, teilweise auch Jahre, kein Fangerfolg einstellen will, sind dafür andere Faktoren verantwortlich.

FEHLERSUCHE

MENSCHLICHE WITTERUNG?

Warum werden Betonrohrfallenstandorte nicht angenommen, warum bleibt der erhoffte Erfolg aus? Bekommt die Falle zu oft Menschenbesuch? Im Grunde genommen kann dies nicht sein, da sich Füchse auch in bewohnten Gebieten aufhalten und den Geruch des Menschen kennen.

VERUNREINIGUNG

Die Rohre sind verdreckt? Hier ist sicherlich ein Ansatzpunkt, dem gewissenhaft nachgegangen werden muss. Soweit nur Laub oder Strauchgut des vorigen Jahres in der Falle liegen, werden im Sommer mit einem Laubbläser die Rohre ausgeblasen. Das ist leicht zu bewerkstelligen und sollte grundsätzlich einmal im Jahr vor der Fangsaison – ab Juli beginnt der Jungfuchsfang – an allen Standorten durchgeführt werden.

Leichte Verschmutzungen wie Urin oder Losung können zudem direkt vor Ort mit einem mobilen Akku-Hochdruckreiniger ausgesprüht werden.

Liegen Betonrohrfallen aber über Jahre im Revier und stellt sich absolut kein Fangerfolg ein, so muss darüber nachgedacht werden, die Rohre gründlich zu säubern. Also nicht mal eben mit dem Laubbläser hindurch und fertig! Im Zweifel werden die Fallen komplett auseinandergebaut und gereinigt, ein Hochdruckreiniger ist hierzu sinnvoll. Anschließend werden die Rohre in der Sonne getrocknet, um sie dann im Spätsommer wieder einzubauen.

GERUCHSSTOFFE DES WILDES

Inwieweit Losung, Adrenalin, Pheromone oder sonstige Gerüche von Wild Ursachen für die fehlende Annahme eines Fangplatzes sind, ist wissenschaftlich zwar nicht zu belegen, aber auch nicht sicher auszuschließen. Mehrfach bestätigt wurde hingegen, dass Fuchsrüden keine Scheu haben, eine Falle zu inspizieren, wenn sich darin eine ranzige Fähe gefangen hat.

In Revieren, in denen die Fangjagd jahrelang erfolgreich betrieben wird, gewinnt man bald die Erkenntnis, dass es doch nicht ganz so einfach ist, Raubwild regelmäßig zu fangen.

Wer pro Betonrohrfalle zwei Fänge im Jahr verbucht, ist auf einem guten Weg im Feldrevier. Waldreviere liefern eine deutlich höhere Quote.

Laub auf dem Fangsteig und in der Falle ist normal. Es gilt, alle Fremdkörper aus den Rohrsystemen zu entfernen.

Spätestens im August müssen Betonrohrfallen wieder einsatzbereit sein. Nach der Felderernte werden sie vom Wild belaufen.

Rohrfallen werden am besten nicht abtransportiert, sondern im Revier mit einem mobilen Akku-Hochdruckreiniger gesäubert.

01

ROHRFALLEN UND -SYSTEME

KREFELDER MODELL

Neben den stabilen Konstruktionen und der langen Haltbarkeit sind insbesondere die verschiedenen Auslöser ein Erfolgskriterium von Betonrohrfallen. Durchgesetzt haben sich Fallen mit einer innen liegenden Wippe, wie zum Beispiel das Krefelder Modell.

04

02

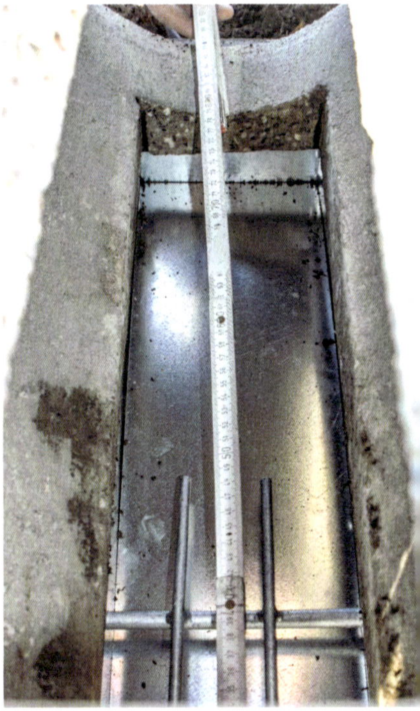

03

05

01 Die komplett aufgebaute Krefelder Rohrfalle

02 Merkmale der Krefelder Rohrfalle sind die ausgeschnittene Wippe und ein außen liegendes Gestänge.

03 Die Wippe der Krefelder Fuchsfalle ist ebenerdig im Betonrohr eingelassen. Die Falle funktioniert sicher und einwandfrei.

04 Auch Schweiß kann in die Falle eingefüllt werden.

05 Ein außerhalb angebrachter, verzinkter Kasten sichert die Falle gegen Fehlauslösungen von außen.

WIPPROHRFALLE NACH DOSE

Die Betonrohrfalle nach Dose besteht aus fünf Rohren. Je nach Größe können die Rohre 25 oder 30 cm Durchmesser haben. Insbesondere in Revieren mit Dachsvorkommen sollte auf das 30er-Rohr zurückgegriffen werden.

Auch diese Falle lässt sich komplett verblenden, sodass sie, anders als im nebenstehenden Bild, kaum von der Umwelt wahrgenommen wird.

Das System kommt ohne ein separates Trittbrett aus. Das Auslösesystem fußt auf dem mittleren Rohr, das auf einer Schiene liegt. Dieses Rohr ist so gelagert und austariert, dass es bei der gestellten Falle zentral auf einem Winkel ruht.

01

03

04

05

02

WEITERE WIPPROHRFALLEN

Neben den Wipprohrfallen, die auf einem Winkel gelagert sind, haben sich weitere Modelle mit einem eingehängten Rohrsystem wie die Wipprohrfalle nach Kayser als eine gute Variante erwiesen.

06

01 Die Wipprohrfalle nach Dose
02 Das Mittelstück ist der Kern der Wipprohrfalle.
03 Das Rohr der Wipprohrfalle ruht auf einen Winkelprofil.
04 Das auslösende Gestänge. Verlagert sich der Schwerpunkt des Rohres, wird es freigegeben.
05 Kein Trittbrett stört den Belauf der Wipprohrfalle.
06 Hängender Auslöser einer Wipprohrfalle
07 Wird das mittlere Rohr heruntergedrückt, gibt das Gestänge die Schieber frei.

07

BETONROHRFALLE NACH JANSSEN (OSTFRIESENFALLE)

Eine der günstigsten Varianten unter den Betonrohrfallen ist die Janssen-Betonrohrfalle, die auch unter dem Namen „Ostfriesenfalle" bekannt ist. Sie besteht aus drei Betonröhren und wird über ein Gestänge ausgelöst.

Im Gegensatz zu den vorstehend genannten Systemen fallen bei der Ostfriesenfalle die Klappen durch ein innen liegendes Gestänge. Die Öffnungen der Rohre werden so mit Zement verjüngt, dass nach dem Zufallen der Stahlklappen kein Licht in das Innere der Rohre einfällt.

Neben der Köderöffnung sind rechts und links sogenannte Sichtfenster eingearbeitet, durch die festgestellt, welches Wild sich gefangen hat. Die dafür ausgeschnittenen Betonteile dienen später als Sichtschutz.

01

04

02

03

05

01 Eingebaute Betonrohrfalle nach Heinrich Janssen, Aurich

02 Mittels Zement werden die Betonrohre verjüngt.

03 Blick in die gestellte Falle mit innen liegender Gestängeauslösung

04 Zieht das Raubwild am Köder, fallen die Klappen zu.

05 Die neben der Köderöffnung eingearbeiteten Sichtfenster lassen das gefangene Wild erkennen.

Die Tuscher-Betonrohrfalle

Das Hegerohr löst per Bewegungsmelder aus.

Die Renkenfalle

Eingebautes Rieselfelder Blockaderohr

TUSCHERFALLE

Die Betonrohrfalle von Tuscher besteht ebenfalls aus fünf Betonrohren. Das Auslösesystem wird über eine Federmechanik auf die Schieber, in diesem Fall herunterfallende Stahlplatten, übertragen. Die Mechanik ist frei zugänglich, sodass es aus Gründen der Verkehrssicherungspflicht ratsam ist, die Tuscherfalle in einem geschlossenen Raum abzusichern.

HEGEROHR

Das aus mehreren Betonteilen gegossene Hegerohr verfügt über kein Wipp- oder Trittbrett. Die Auslösung erfolgt über einen Bewegungsmelder. Läuft oder fliegt Wild durch den Fangraum, erfasst der Sensor die Bewegung und die Verriegelungsklappen fallen zu.

RENKENFALLE

Dem in den 1990er-Jahren einsetzenden Boom der Rohrfallen inklusive Kunstbauten wurde hier von Herrn Renken aus dem Ammerland mit einem Fallenkörper Rechnung getragen. Diese aus diversen Betonteilen zusammengefügte Falle ist mit ihrem System einzigartig.
Wenn das Wild in den Kunstbau läuft, wird dabei bereits nach einigen Metern ein Fangmechanismus über ein Gewicht und Schnüre in Gang gesetzt: Der Schieber schließt sich. Das Wild läuft nun durch den Kunstbau und legt sich in den Kessel. Mithilfe einer weiteren Schnur können dann Jägerin oder Jäger die zusätzliche Fangklappe des Kessels öffnen und dem Fuchs vor Ort den Fangschuss gegeben.

RIESELFELDER BLOCKADEROHR

Ein ganz ähnliches Prinzip verfolgt das sogenannte Rieselfelder Blockaderohr. Das komplette System dieses Rohrfallentyps ist auf einem Betonrohr montiert und lässt sich somit vor Kunstbauten oder auch in Endröhren leicht einbauen.

ROHRFALLE „FALLENFUCHS"

Am Niederrhein wurde die Lebendfalle der Marke „Fallenfuchs" entwickelt. Ihr Merkmal ist eine kugelgelagerte Wanne, auf der das Mittelteil liegt. Das Auslösegewicht ist mittels Flügelmutter stufenlos einstellbar.

AMANN-FALLE

Eine Variante der Betonrohrfalle, die sich bereits in den 1980er-Jahren bewährt hat, ist die von Wildmeister Amann entwickelte Betonrohrfalle. Das System kommt mit vier Betonröhren aus. Den Auslöser bildet eine Stolperschnur, die wahlweise auch mit einem Köder versehen werden kann.

SPITTLER-FALLE

Die Spittler-Falle wurde Mitte der 1970er-Jahre von Dr. Heinrich Spittler mitentwickelt. Sie gilt als Vorreiter der Betonrohrfallensysteme. Das System hat sich über Jahrzehnte bewährt und gilt nach wie vor als zuverlässiger Fänger in den Revieren. Die Falle verfügt über einen Schacht, der von außen mit Luder beschickt werden kann. Die gesamte Mechanik ist geschützt, das Vergraben der Falle stellt damit kein Problem dar.
Der Einbau der Falle bedarf, wie der sämtlicher Rohrfallensysteme, einer genauen Planung, damit es nicht nach einiger Zeit zu Verwerfungen der Rohre und einem gestörten Fangablauf kommt.

01

02

03

04

01 Rohrfalle „Fallenfuchs": Auf einer kugelgelagerten Wanne liegt ihr Mittelteil.

02 Die Amann-Betonrohrfalle bewährt sich schon seit über 30 Jahren.

03 Die Elemente der Betonrohrfalle nach Dr. Heinrich Spittler

04 Spittler-System, eingebaut und in einem Sicherungskasten verblendet

01

02

03

KIPPROHRFALLE

Eine relativ neue Falle ist die einläufige Kipprohrfalle aus Kunststoff oder Metall. Die ausgetüftelte Auslösung beruht darauf, dass sich das gesamte, auf einem Metallrahmen gelagerte Rohr neigt, wenn ein Tier in der Falle ist. Das Beködern der Falle lockt insbesondere die Nutria in den Fangraum. Durch ihr Gewicht wird ein ausliegendes Gestänge freigegeben, sodass der Schieber fällt.
Mit etwas Erde oder Steinen und etwas Geduld wird die Falle austariert, damit sie nicht zu leicht schließt. Wichtig sind ein windgeschützter Standort und ein schattiger Platz. Vor allem Wind führt unweigerlich zu Fehlauslösungen.

Ein schattiger Platz ist nötig, da auch die Temperatur der Metallrohre unter Umständen zu einem Problem werden kann. Ohne die Beschattung des Systems können bei direkter Sonneneinstrahlung bis zu 70 Grad im Rohrinneren entstehen. Dies gilt es in jedem Fall zu vermeiden.
Bei einläufigen Systemen ist bereits vor dem Fang zu klären, wie das Wild aus der Falle entnommen werden kann, ohne dass das gefangene Wild unnötig Stress erleidet. Bei dem Nachbau in Foto 02 wurde an der Fallenrückseite eine Klappe installiert, die nach dem Fang geöffnet werden kann. Das Wild wird dann durch diese Öffnung in den vorgesetzten Abfangkorb getrieben.

04

EINBAU VON ROHR-FALLEN

Der Einbau sämtliche Rohrfallensysteme bedarf einer genauen Planung, denn Rohre und insbesondere schwere 30er-Rohre neigen zu erheblichen Versackungen in den Boden. Es ist daher ein absolutes Muss, den Untergrund am geplanten Standort genau zu prüfen und gegebenenfalls Füllsand dort einzubauen.

Ist die Rohrfalle erst komplett verblendet oder natürlich überwachsen, wird ein nachträgliches Justieren kompliziert. Häufig kommt es dann nach Jahren zu Komplikationen im Fangablauf.

01 Relativ neu – die Kipprohrfalle

02 Mit ein wenig Erde oder Steinen wird die Kipprohrfalle austariert, damit sie nicht zu leicht schließt. Etwas Geduld braucht es dazu.

03 Schwere Betonrohrfallen werden sinnvollerweise mit maschineller Unterstützung eingebaut.

04 Alles muss passen, soll die Falle über Jahre fangen.

KASTENFALLEN

Neben Betonrohrfallen sind nach wie vor Kastenfallen bei der Fangjagd im Einsatz. Zum einen sind sie deutlich günstiger in der Anschaffung als Betonrohrfallen, zum anderen kann man sie leicht selbst herstellen und einfach transportieren.

HOLZKASTENFALLEN

Holzkastenfallen sind der Klassiker unter den Lebendfang-Fallen. Ein „Problem" haben sie jedoch alle – ihr Material: Holz ist nicht unendlich haltbar.
Neben den Maßen unterscheiden sich Holzkastenfallen deutlich in der Auslösung. Verbreitet sind Gestänge-Auslösungen über ein wippendes Trittbrett.

AUSFÜHRUNG

FANGRAUM

Der Fangraum einer Kastenfalle muss gemäß den Vorgaben des Gesetzgebers so bemessen sein, dass gefangenes Wild sich darin nicht verletzen kann. Heutiger Tierschutzstandard verlangt außerdem eine absolut lichtdichte Bauweise, um Selbstverletzungen auszuschließen (s. Kasten ggü.).

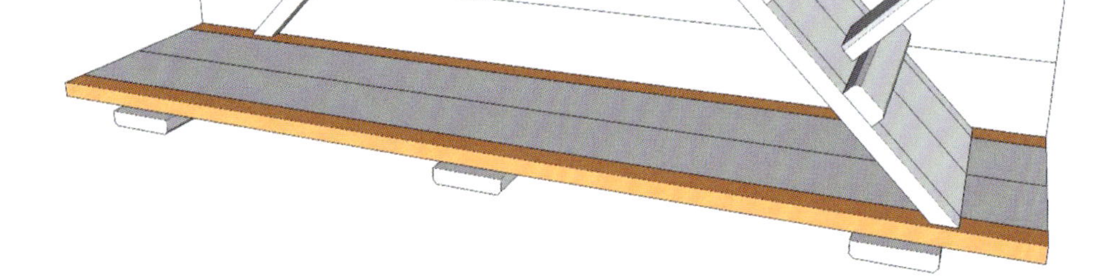

Die WeKa-Kastenfalle im Querschnitt

Fang in einer damals noch zulässigen Drahtkastenfalle mit Ereignismelder: Schon 15 Minuten nach dem Auslösen hatte der panische Iltis seine Fangzähne ruiniert.

LICHTDICHT IST EIN MUSS

Mit Ausnahme von Jungfuchsfallen, die in die dunkle Baueinfahrt geschoben werden, sind Drahtkastenfallen und nicht lichtdicht gebaute Kastenfallen aus Tierschutzgründen nicht mehr zulässig! Warum? Während sich das Raubwild in dunklen Holzkastenfallen schnell beruhigt, versucht es bei Lichteinfall rastlos, an dieser Stelle zu entkommen. Besonders gravierend ist das bei Drahtkastenfallen. In ihnen ist das gefangene Wild außerdem Regen und Schnee ungeschützt ausgesetzt. Die Intensität der Ausbruchversuche ist bei Jungwild geringer als bei älterem, das allerdings sehr heftig an der Falle arbeitet. Tägliche Kontrolle hilft da wenig.

Vergleichsweise entspannt wirkt der Fuchs in der Holzkastenfalle. Damit das so ist, müssen Lebendfallen so konstruiert sein, dass nach dem Auslösen kein Licht einfallen kann.

WEKA-HOLZKASTEN-FALLE

Aus der im Jahr 1992 stammenden Idee, aus einer umschlagenden Mausefalle eine Lebendfalle zu konstruieren, hat sich mit der Zeit eine der einfachsten Lebendfangkonstruktionen aus Holz entwickelt. Die in einem Zwischenboden auf einer Plexiglasplatte montierte Mausefalle bildet das Kernstück dieser Falle. Doch warum wurden dafür ganz bewusst Schnüre und Ringe genutzt? Die Ringe werden durch die Federmechanik der Mausfalle von den montierten Halteschrauben geworfen, wird das Trittbrett der Mausefalle über eine einfache Umlenkung zum Innenraum ausgelöst. Bewegt das Wild den Köder, so löst die Mausefalle aus. Die Klappen werden über die Schnüre an den Ringen freigegeben. Durch die beschriebene Konstruktion entfällt ein aufwendiges Gestänge, welches womöglich sogar noch außerhalb der Falle verbaut ist. Dadurch verursachte Funktionsprobleme werden so ausgeschlossen. Der Auslösemechanismus kann so fein eingestellt werden, dass bereits die leichteste Berührung des Köders ausreicht, um die Falle auszulösen. Grundsätzlich werden Holzkastenfallen in Haus- und Hofnähe trocken aufgebaut. Fichten- oder Tannenholz ist für den Fallenbau ideal, denn beide Hölzer sind leicht zu verarbeiten. Sie haben jedoch auch einen

Holzkastenfallen lassen sich leicht im Revier umpositionieren.

STANDORTWECHSEL

Werden Fallen partout nicht angenommen, kann es Sinn ergeben, den Standort komplett zu wechseln. Das geht mit Kastenfallen ja um einiges leichter als mit Betonrohrfallen! Spätestens nach drei bis vier Wochen sollte sich an einem neuen und besseren Standort Erfolg einstellen.

01

02

03

04

01 Neben der Verbindung zur Mausefalle im Zwischenboden ist das zusätzliche Anbringen von Ködern im Innenraum möglich. Die rechts und links angebrachten Auflageleisten verhindern, dass das Wild versucht, die Klappen anzunagen und sich so zu befreien.

02 Für Raubwild ist es ein leichtes, sich aus Holzkastenfallen zu befreien. Hier ein Bild einer angenagten Klappe, verursacht vom Steinmarder an einer Holzkastenfalle. Jeder Lichteinfall wird vom Wild genutzt, um sich herauszufressen.

03 Die Kastenfalle wurde von allen Seiten mit Schutzfolie versehen. Dennoch ist die Lebenszeit begrenzt.

04 Bei dieser Variante wurde ein Drahtgitter anstatt Plexiglas verwendet. Plexiglas hat den Nachteil, dass es mit der Zeit milchig wird und der Blick in die Falle so verhindert wird.

Mäuse haben sich über der Lebendfalle eingenistet und sorgen für eine natürliche und nahezu unwiderstehliche Köderung.

erheblichen Nachteil. Denn ohne einen Schutz gegen Feuchtigkeit ist die Lebensdauer von diesen Holzkastenfallen nur sehr begrenzt. Sollen Fallenstandorte abseits von Haus und Hof im Revier mit Holzkastenfallen bestückt werden (beispielsweise in Maisschlägen), empfiehlt es sich, die Holzkastenfallen nur für begrenzte Zeit im Einsatz zu haben. Nach einigen Wochen im Revier sollten die Fallen ins Trockene gestellt werden. Das verlängert die Lebensdauer ganz erheblich! Mit der Mülltonnenfalle oder der hier vorgestellten WeKa-Holzkastenfalle können insbesondere Fangjagdeinsteiger kostengünstig, aber effektiv, in die Jagd mit Fallen einsteigen. Auch wenn ein Fangjagdlehrgang teils nicht gesetzlich vorgeschrieben ist, sollte dieser vor der Ausübung der Fangjagd absolviert werden. Bedient man sich an im Handel erhältlichen Fallensystem und stattet diese allesamt mit einem Fangmelder aus, wird es rasch teuer. Viele interessierte Fallenjäger steigen deshalb gar nicht erst in die Praxis ein. Revierpächter, die Interesse daran haben, dass in ihren Revieren ein passionierter Fallensteller ans Werk geht, können das Unterfangen fördern, indem sie beispielsweise das Material für den Bau von Fallen zur Verfügung stellen – eine Win-ein-Situation für beide Parteien!

TIPP

Ob nun aus Paletten zusammengebaut, aus Fertigelementen zusammengefügt oder aus Containern konstruiert: Mäuseburgen sind geradezu Raubwildmagneten und versprechen nicht nur dem Fangjäger, sondern auch dem Ansitzjäger Erfolg.

KOMBINATION MIT MÄUSEBURG

Mäuseburgen sind ein wahrer Garant für den Erfolg. Insbesondere Marder, Iltis und der Fuchs „stehen auf" die kleinen Nager. Und auch der Dachs hat gegen einen „Mäuse-Snack" nichts einzuwenden. Solche Nagerquartiere z. B. mit einer Kastenfalle zu kombinieren, bietet sich deshalb an. Ausgesonderte Stapelcontainer, deren Konstruktion für eine Mäuseburg sehr gut geeignet ist, lassen sich leicht mit einer Kastenfalle als perfektes Komplettsystem bauen.
Dabei wird um die Kastenfalle ein Lebensraum für die Nager gebaut, die wiederum das Raubwild anlocken.
Eine einfache Methode des Mäuseburgenbaus habe ich oft mit den Teilnehmern des Jungjägerkurses im Lauf des Winters praktiziert. Zur Verwendung kommen dabei ausgediente Holzpaletten, die meist kostenfrei zu haben sind. Integriert wird von uns in diese Paletten-Mäuseburg gern ein Eiabzugeisen für den Marderfang.
Der Bau macht allen Beteiligten Spaß und ist lehrreich. Wie er geht, ist auf den Seiten 160 bis 164 des Buches dargestellt.
Ist so eine Palettenburg einmal von Mäusen angenommen – und werden die kleinen Nager regelmäßig mit Futter versorgt –, ist sie ein wahrer Raubwildmagnet. Sie kann, muss aber nicht, mit einer integrierten Falle kombiniert werden. Ein Nachtansitz bei ausreichendem Mondlicht oder Schnee verspricht ebenfalls spannende Momente und, mit etwas Glück, auch Jagdbeute.

METALLKASTENFALLEN

Geht es an Häusern, Volieren oder Zwingeranlagen um die Bekämpfung eines starken Rattenvorkommens, empfiehlt sich der Einsatz von Blechkastenfallen. Die Nager können an diesen Fallen keinen Schaden anrichten. Um einen besseren Belauf der Falle zu erreichen, wird hier ein Holzbrett passend geschnitten.

Altgediente Blechkastenfalle an Fasanerie. Es fehlt die Schutzabdeckung auf dem Sichtfenster.

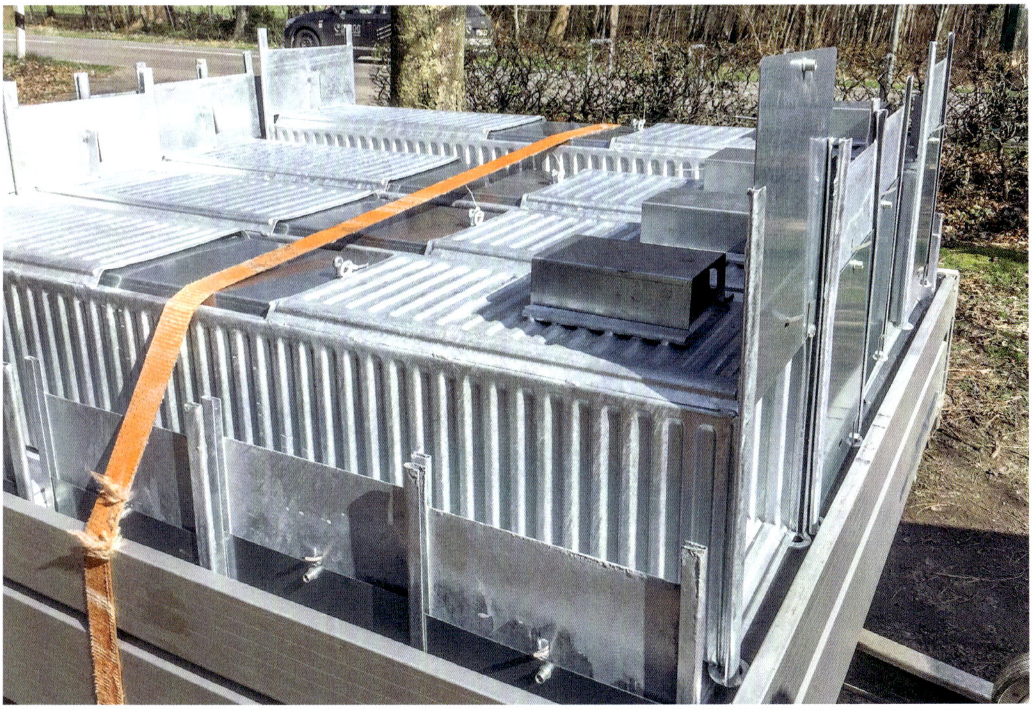

Lebendfallen aus Metall. Um die Annahme dieses Fallentyps zu erleichtern, werden Holzbretter auf dem Boden eingearbeitet, um den Belauf zu verbessern.

WEITERE LEBENDFALLEN

Neben Beton-, Holz- und Metall-Lebendfallen etablieren sich zunehmend Kunststofffallen in den Jagdrevieren. Lange Einsatzbereitschaft ist der Hauptanspruch an diese Fallen. Aus Holz, aber ein echter Schnellfänger, ist die Kofferfalle.

KUNSTSTOFFFALLEN

Wasser, Frost oder sonstige Witterungsunbilden lassen das Material und die Funktion von Kunststoff-Fangsystemen so gut wie nicht leiden. Entscheidend ist die Möglichkeit, mit solchen Kunststoffkastenfallen Standorte direkt im oder am Wasser nutzen zu können. Bei allen bisherigen Fallentypen, mit Ausnahme der mittlerweile verbotenen Drahtgeflechtfallen, war diese Möglichkeit nicht gegeben.
Das je nach Bauart eher geringe Gewicht solcher Fallen ist ebenfalls ein nicht zu verachtendes Argument.

FAKTOR TEMPERATUR

Was können Kunststofffallen, was andere Lebendfallen nicht können?
Wesentlich ist bei Kunststofffallen der Faktor Temperatur. Stehen Kunststoffkastenfallen oder -rohre der Sonne zugewandt, sind insbesondere im Winter deutlich mehr Fänge zu verzeichnen. Die Stärke der Kunststoffwände von mindesten einem Zentimeter sorgt dafür, dass die Fallen in den Sommermonaten nicht überhitzen. Gerade dieser tierschutzrechtlich relevante Aspekt spielt insbesondere bei Fallen aus Blech oder Metall eine große Rolle und ist oft kritisch zu bewerten.

Die sogenannte Kozarderfalle. Die Unempfindlichkeit von Kunststofffallen gegenüber Nässe bietet viele Möglichkeiten.

Der Standort Wasser ist für die Bejagung von insbesondere invasiven Arten unschlagbar.

ANNAHME DURCH RAUBWILD

Läuft der Fuchs in Kunststofffallen? Dies ist eindeutig zu bejahen. Füchse sind Kulturfolger und scheuen sich nicht, diese Fangeinrichtungen aufzusuchen.

01

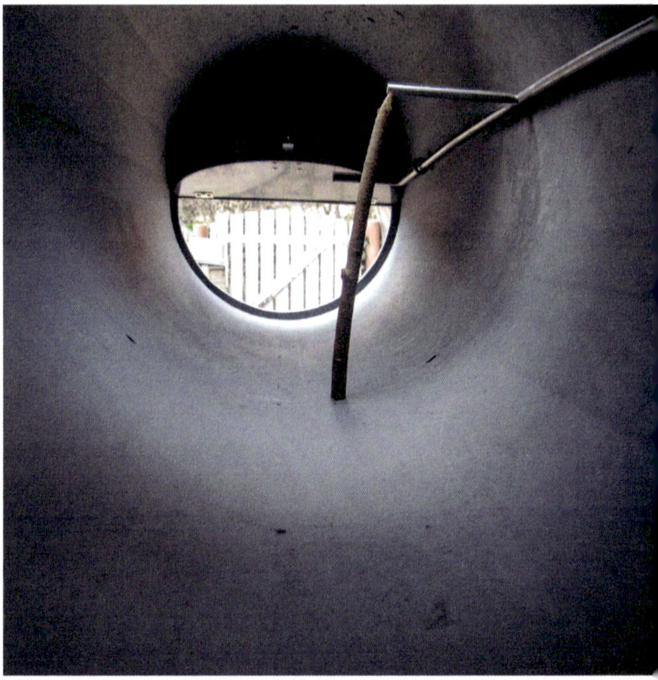

02

01 Auch der Fuchs nimmt Kunststofffallen an.

02 Wild läuft entlang des Stellstabes und löst dadurch die Falle aus. Diese Stellsituation ist auch heute noch bei Naturvölkern zu finden.

03 Anstatt des Stellholzes findet hier die Wippe Verwendung.

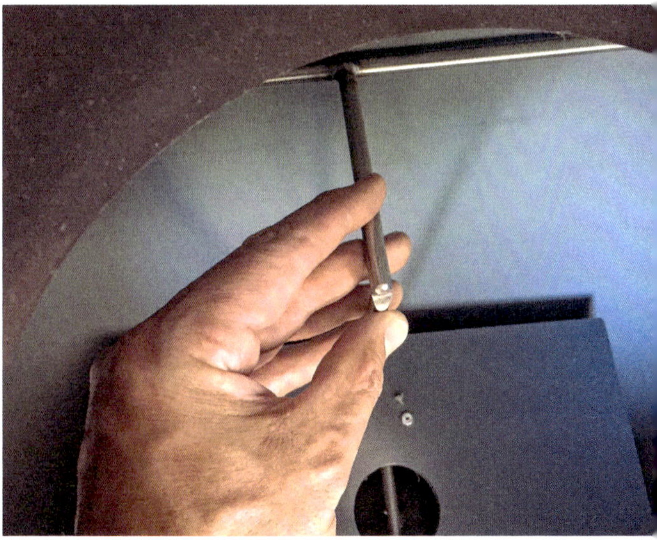

03

FALLENSTANDORTE AM WASSER

Ein Vergleich von Fallenstandorten am Wasser – hier werden die Kunststofffallen regelmäßig „natürlich" gereinigt – mit Fangplätzen im Feld belegte, dass nicht nur der Standort, sondern offenbar auch die episodische Neutralisierung der Fallen durch das Wasser zu deutlich höheren Fangzahlen führt (s. auch Kasten) . In einem Vergleichszeitraum von fünf Jahren konnten bei den an feuchten Standorten im Revier aufgestellten Kunststofffallen eine deutlich bessere Annahme und eine höhere Fangquote verzeichnet werden als bei den Kunststofffallen, die im Feldrevier platziert waren und keine regelmäßige „Dusche" erhielten. Auch dieser Aspekt spricht für den Standort Wasser.

EXKURS ERFOLGSFAKTOR WASSER

Ein Erfolgsfaktor des Fangens scheint Wasser zu sein. Das lässt das Beispiel einer Betonrohrfalle vermuten, die über Jahre hinweg nicht gefangen hatte und schließlich an einen Wasserlauf umgesetzt wurde. Hier fing dieselbe Falle in kürzester Zeit drei Füchse. Warum? Das Schmelzwasser aus dem Gebirge hatte die Falle mehrfach durchgespült, die Witterung der Rohre wurde neutralisiert. Zufall? Sicherlich nicht. Erfolge bei der Jagd mit Fallen sind kein Zufall, sondern das Ergebnis aufmerksamer Beobachtung und nachhaltiger Analyse.

Vorübergehend hohe Wasserstände begünstigen den späteren Fangerfolg, wenn das Wasser wieder abgeflossen ist.

KOFFERFALLE

Eine der effektivsten Lebendfallen ist die Kofferfalle. Sie ist sicher im Umgang, unkompliziert und fängt kleineres Raubwild, nach meinen Erfahrungen insbesondere Steinmarder, Iltis und auch Freigänger-Katzen, überaus erfolgreich.
Deshalb haben auch sie in den Revieren ihre Berechtigung. Ob nun mit Trittbrett- oder mit Zugauslösung – Kofferfallen sind Fangeinrichtungen, die leicht und schnell zu bauen sind. Bei der Installation von Kofferfallen im Revier sind allerdings die erforderlichen Verkehrssicherungsmaßnamen zu treffen. Ihr Einsatz in befriedeten Gebieten ist ausgeschlossen.

VERBLENDEN

Kofferfallenstandorte werden idealerweise verblendet. Dazu werden im Abstand von 40 cm zur Falle vier Pfosten in die Erde geschlagen, am besten stabile, imprägnierte Rundhölzer. Darauf wird eine Baustahlmatte gelegt, und diese an den hinteren Pfosten durch zwei starke Drahtschlaufen fixiert. Die Schlaufen dienen als Scharniere: Vorn kann die Matte angehoben werden, um an die Kofferfalle zu gelangen. In die Baustahlmatte wird am Standort verfügbares Material dicht eingeflochten. Wo Weißdorn und Brombeeren stehen, kommt das Stachelige dafür gerade recht. Diese Sichtverkleidung entzieht den Fallenstandort zumindest flüchtigen Blicken.

Kofferfalle für Marder im Revier

Variante WeKa-Kofferfalle

Auch die kleine Kofferfalle für Ratten fängt.

Ein Fuchs hat sich in der Kofferfalle gefangen.

BAUMMARDERFANG MIT KUNSTSTOFFLANGFALLE

Werden ein paar grundlegende Dinge beachtet, lassen sich Baummarder zuverlässig auch mit Langfallen überlisten.

Die Fallenstandorte sind mit den Standorten der ehemals gebräuchlichen Totschlagfallen vergleichbar. Mittels Wildkameras werden Fallenstandorte überwacht und die Anwesenheit von Wild kontrolliert. Ist zu fangendes Wild bestätigt, wird die bereits im Revier platzierte Falle entsprechend präpariert. Im Vorfeld zur eigentlichen Fangsaison wurde bereits in der Nähe der Falle immer wieder Luder ausgebracht. Kleine Luderbrocken wurden dabei ebenfalls auch schon im Falleninneren platziert. Die Fallenstandorte sind dem Raubwild somit bereits bestens bekannt.

Es hat geklappt, ein Marder wurde mit der Kunststoffrohrfalle gefangen.

Innerhalb eines Zeitraums von rund vier Monaten sind auf diese Weise zwei bis drei Fänge nach dieser Methode (je nach Wildvorkommen im Revier) möglich. Neben dem Baummarder lassen sich insbesondere Dachs und Waschbär leicht mit dieser Methode in Lebendfallen locken. Je weniger Bewegung durch den Fänger an der Falle, umso größer ist die Akzeptanz des Raubwildes, in eine Rohrfalle einzuschliefen. Grundsätzlich kann die Beköderung der Fallen auch mit Eiern erfolgen. Pro Falle werden im Vorfeld zur Fangsaison bis zu 60 Eier ausgebracht, um das Raubwild an den Fallenstandort zu gewöhnen.

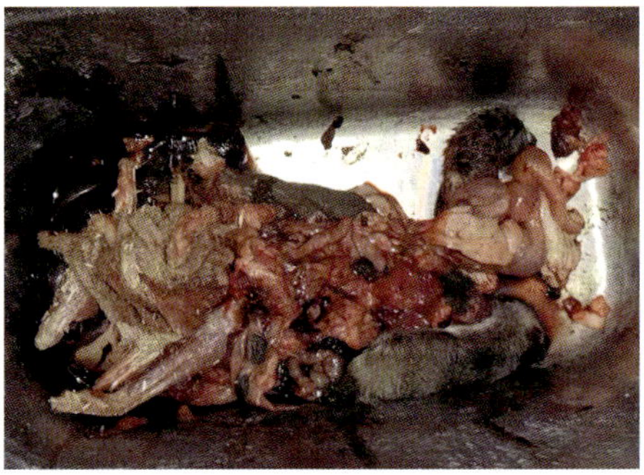

Die frischen Innereien von erlegten Wildkaninchen werden sowohl im Inneren als auch im Bereich um die Falle verteilt. In dem abgebildeten Beispiel wird eine Kunststoffrohrfalle mit Stellstab fängisch gestellt, nachdem sie bis zum Beginn der Fangsaison auf Durchlauf gestanden hat.

01

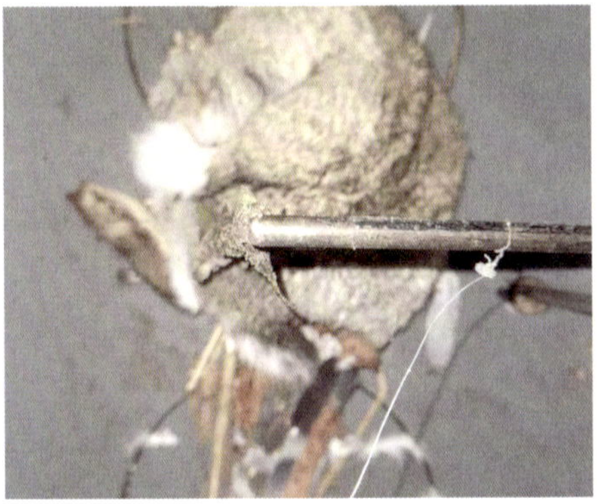

02

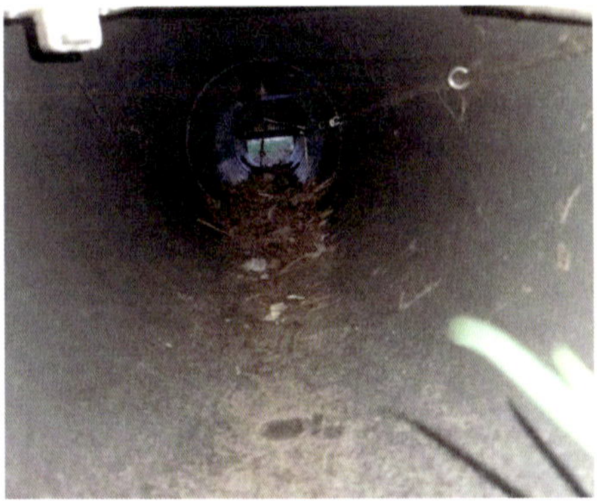

03

04

05

01 Die Innereien werden in einer Höhe von rund 1,5 Meter in eine Astgabel nahe der Falle gelegt. Die darüber abgegebene Wittrung zieht Raubwild selbst auf größere Entfernung in Richtung der Falle.

02 Kopf und Teile des Fells werden unter dem Stellstab platziert. Versucht das Raubwild den frischen Köder zu ziehen, löst die Falle aus.

03 Stellsituation von einem der Eingänge aus fotografiert. Wichtig: Beim Stellen der Falle sollten die Klappen keinesfalls mit den Händen berührt werden.

04 Die Entnahme erfolgt per Abfangnetz. Die Falle wird anschließend für einige Tage wieder auf Durchlauf gestellt.

05 Ein Baummarder hat sich in der Nacht gefangen. Der innenliegende Minkpolice-Melder hat den Fang aufgezeigt.

MÜLLTONNENFALLE

Wie bereits mehrfach angesprochen, scheinen städtische Bereiche geradezu ideale Lebensräume für Waschbären zu sein. Ob nun alte, verlassene Lagerhallen und Schuppen, Bauwagen oder Wochenendhäuser, die Kleinbären finden überall reichlich Nahrung, plündern Müll und machen auch vor Fressnäpfen von Hauskatzen keinen Halt. Mittlerweile haben sich in vielen urbanen Bereichen Waschbären angesiedelt, die beispielsweise an Mülltonnen, Autos oder auch Häusern Schäden anrichten. Eine Bejagung der Kleinbären ist deshalb nahezu unumgänglich. Soll dem Waschbär mit Fallen in befriedeten Bezirken auf den Pelz gerückt und dieser am Ende auch erlegt werden, benötigt der Fallenjäger eine Ausnahmegenehmigung sowie eine Erlaubnis zur Abgabe eines Fangschusses innerhalb des befriedeten Bezirks. Was aber, wenn nur ein Verbringen der gefangenen Räuber möglich ist und dies obendrein möglichst ohne Aufsehen passieren soll? Zunächst stellt sich hier die Frage nach einem geeigneten Fallenmodell. Hält sich der Jäger an die gesetzlich geforderten Mindestmaße einer Waschbärfalle, ist es nahezu unmöglich, diese unauffällig auf einem städtischen Grundstück aufzustellen. Hauskatzen kommen in urbanen Bereichen als Freigänger sehr häufig vor. Beim Einsatz von normalen Kastenfallen würden die Stubentiger sich unweigerlich nach kurzer Zeit fangen. Und das soll natürlich vermieden werden. Totschlagfallen sind für die Jagd auf den Waschbär grundsätzlich ausgeschlossen, denn Brantenfänge sind hier nicht zu vermeiden. Alle diese Anforderungen sowie einige weitere Anfragen aus urbanen Bereichen führten nach einigen Überlegungen zur Idee einer völlig andersartigen Falle. Für den Bau der WeKa-Mülltonnenfalle werden zwei große Mülltonnen (240 Liter) benötigt.

Beim Bau wird zunächst etwa mittig auf der Vorder- oder Rückseite einer der Tonnen eine rund 20 x 30 cm große Öffnung in die Wand der Tonne geschnitten.

Anschließend wird sich der weiteren Tonne gewidmet. Diese wird zunächst in etwa drei gleichgroße Teile zerlegt. Der oberste Teil mit dem Tonnendeckel kann entsorgt werden. Er wird nicht benötigt. Das mittlere Teilstück, welches wie eine Art Kunststoffrahmen aussieht, fungiert als Fangklappe und verschließt die Einstiegsöffnung in Tonne eins, wenn der Waschbär die Fangmechanik ausgelöst hat.

Im unteren Bereich des mittleren Tonnenteils wird nun noch ein Kantholz eingebracht. Es dient später dazu, dass der Fangrahmen bei fängisch gestellter Falle oben gehalten werden kann. Der auf dem Kantholz zu erkennende Metallrahmen dient lediglich dazu, einen Fangmelder zu befestigen. Da der gefangene Waschbär Zugriff auf den Fangmelder im Innenraum der Falle hat, muss dieser sehr stabil gebaut sein. Aktuelle Modelle namhafter Hersteller haben diese Eigenschaft.

Hierzu wird mittels Stichsäge der Boden der gedrittelten Tonne passend geschnitten. Auf der Bodenplatte wird anschließend eine

01

02

03

04

05

01 Unterhalb dieser Öffnung wird auf der Tonneninnenseite ein Podestholz montiert. Aus dieser Holzplatte können zum einen Köder abgelegt werden. Zum anderen dient das Holz dazu, die herabfallende Fangmechanik zu tragen.

02 Der mittlere Teil der zersägten Tonne verschließt durch sein Herabfallen die Einstiegsöffnung.

03 Das untere Stück der Mülltonne wird so bearbeitet, dass lediglich der Tonnenboden mitsamt der darin verbauten Achse übrigbleibt. Dieses Teilstück wird mit einem Metallgestänge ausgestattet und in Tonne eins eingebaut.

04 Das Gewicht des Mittelstücks samt verbautem Kantholz reicht aus, um den Rahmen mit dem Winkelstück stabil in Position zu halten.

05 Unter dem Deckel der Mülltonne wird ein abnehmbares Kotgrubengitter im Rahmen der Mülltonne platziert. Auf diese Weise kann der Fangschuss selbst innerhalb der Mülltonne erfolgen.

301
Zum Film: Einsatz der Mülltonnenfalle

Der Tonnendeckel wird mit einem Metallriegel verschlossen. Unbefugte haben somit keinen Zugriff auf den Innenraum der Tonne.

Rahmenkonstruktion so eingebaut, dass der Bügel (siehe Foto) das mittlere Teilstück der 2. Mülltonne hält.
Klettert nun der Waschbär in den unteren Bereich der Mülltonne, löst dieser durch sein Gewicht das Trittbrett aus und das Mittelstück fällt auf das Podestholz. Aufgrund der vorliegenden Konstruktion, wird keine weitere Sicherung gegen den Ausbruch des gefangenen Kleinbären benötigt.
Sollte sich mal die falsche Tierart gefangen haben, kann diese selbstverständlich unversehrt freigelassen werden. Kann der Fangschuss nicht unmittelbar am Fallenstandort erfolgen, kann die Mülltonnenfalle unauffällig abtransportiert werden. Auch die fängisch gestellte Falle fällt kaum jemandem auf.
Beködert wird die Mülltonnenfalle mit den üblichen Lockmitteln. Damit die Waschbären einfacheren Zugang zur Tonnenfalle haben, kann unterhalb der Einstiegsöffnung ein Stein oder ein Holzklotz postiert werden.
Vor allem in der Setz- und Aufzuchtzeit ist es wichtig, die Falle regelmäßig zu beködern, auch wenn diese nicht fängisch gestellt ist. Durch die durchgehende Beköderung gewöhnen sich die jungen Waschbären an die Mülltonnenfalle. So können sie später in der Regel problemlos gefangen werden.

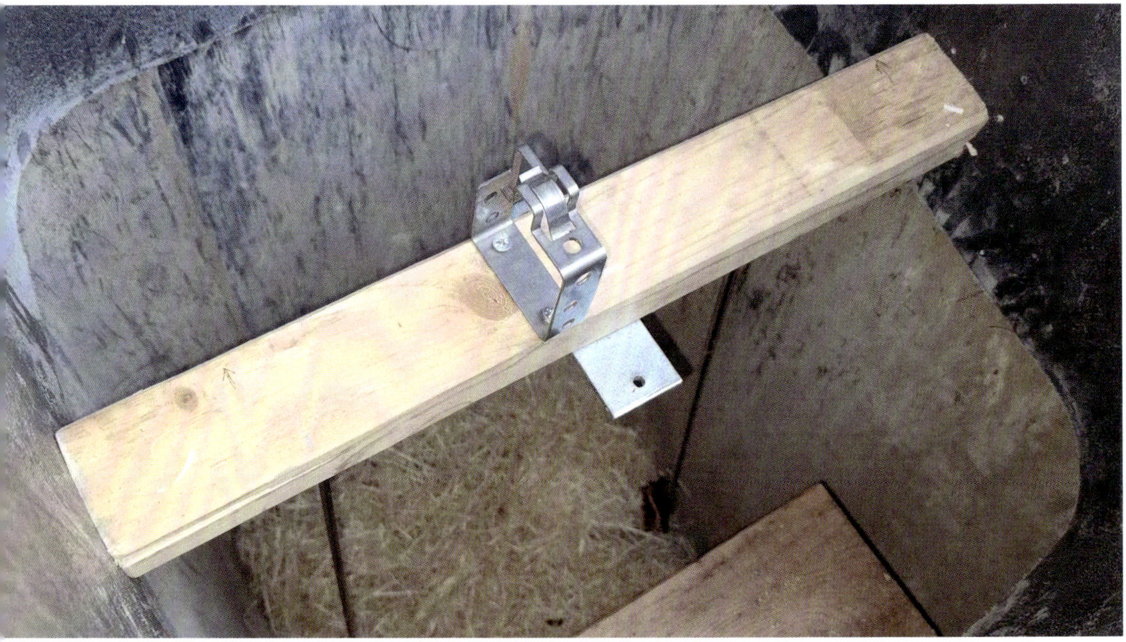

Um das auslösende Trittbrett am Boden der Mülltonnenfalle zu verblenden, kann Holzwolle, Stroh oder auch Laub eingesetzt werden. Waschbären sind hier in der Regel völlig arglos und nehmen die neuartige Falle rasch an.

WIESELFANG

Wiesel sind fast überall anzutreffen. Nicht selten kommen die fleißigen Mäusejäger auch in Hausgärten vor. Aktiv sind sie insbesondere im Sommer zur Ranz, ab August kann man die flinken Räuber auch tagsüber beobachten. Wo das gelingt, sollten Fangplätze eingerichtet werden.

Fast in allen Bundesländern beginnt die Jagdzeit auf Wiesel am 01. August. Die kleinen Räuber benötigen in der Regel keine „Eingewöhnungszeit" für Fallen, bereits einige Tage nach dem Aufstellen sind die ersten Fänge zu verzeichnen.
Im Revier können ausgemusterte Betonrohre oder Hohlsteine an Hecken und Feldwegen platziert werden und als Standorte für die später leicht einzusetzenden Wieselwippbrettfallen dauerhaft im Revier verbleiben. Dies erleichtert das unkomplizierte Stellen der kleinsten Lebendfallen. Ideale Spätsommerstandorte sind auch Durchlassrohre, die zu dieser Jahreszeit dann trockengefallen sind.
Die Fänge in der warmen Jahreszeit sind deutlich häufiger, in den Wintermonaten sind Wiesel inaktiver. Ein Großteil der gefangenen Wiesel sind Rüden.

Die Entnahme von Wieseln aus der Falle geschieht am besten mit einem Abfangnetz.

01

01 Eingesetzte Wieselwippbrettfalle
02 Betonrohre werden als feste Standorte dauerhaft im Revier platziert. Ein Umsetzen der Fallen ist somit leicht und schnell möglich.
03 Wieselwippbrettfalle am Haus. Mit 100 Gramm Kippgewicht wird der Fang von Mauswieseln und Mäusen vermieden.
04 Einbau einer Wippbrettfalle. Auch hier gilt: „Glatter Gang, glatter Fang.“
05 Auch in Rohrfallen sind Hermelinfänge nicht ungewöhnlich.

03

04

02

05

Wieselwippbrettfalle im Winter

Die tägliche, zweimalige Kontrolle der Fallen ist verpflichtend, denn die Tiere sind im Gegensatz zu vielen anderen Raubwildarten tagaktiv. Meldesysteme zu installieren ist möglich, aufgrund der Vielzahl der Fallen jedoch unrentabel.
Wieselwippbrettfallen werden nicht beködert. Alleine die Neugierde führt die Kleinsäuger in die Fallen. Das Kippgewicht sollte bei 100 Gramm liegen, um Fänge von Mauswieseln oder Mäusen zu vermeiden.
Dazu wird unter der Wippe ein kleines Gewicht in entsprechender Größe angebracht. Hermelinrüden können über 300 Gramm wiegen, Fähen mit 120 bis 160 Gramm sind dagegen deutlich leichter.
Drahtgitter als Abschluss von Wippbrettfallen sind zu vermeiden, da sich Wild daran verletzten könnte. Stattdessen werden Glasscheiben oder Plexiglasscheiben verbaut. Wichtig ist, dass es in jedem Fall zur Luftzirkulation in der Falle kommt.
Ärgerlich sind mögliche Ratten-Beifänge. Diese Nager beißen die Fallen oft kaputt und machen sie unbrauchbar.
Um möglichst effektiv mit den Wieselwippbrettfallen zu sein, werden einzelne Areale im Revier abgefangen. Der Richtwert von zu kontrollierenden 25 Fallen auf 150 Hektar ist praktikabel. Dies bedeutet, dass Fangplätze für Wieselwippbrettfallen in großer Zahl eingerichtet werden müssen.

TIPP
Außer Wippbrettfallen lassen sich auch weitere Lebendfallen auf das feine Gewicht der Wiesel einstellen. Der Versuch lohnt! Sogar in großen Rohrfallen können die kleinen Räuber gefangen werden.

BAU EINER WIESEL-WIPPBRETTFALLE

Die ersten Schritte in der Fallenjagd beginnen oft mit dem Bau von Wieselwippbrettfallen. Gerade Kinder und Jugendliche, die sich für die Jagd interessieren, beginnen und lernen häufig im eigenen Garten am Fang von Kleinwild.

Folgende Wieselwippbrettfalle ist leicht mit etwas Geschick herzustellen, dass passende Material kann auch Abfallholz aus Resten sein. Die Falle ist ca. 70 cm lang, 15 cm breit und 18 cm hoch. Das Trittbrett hat eine Länge von 60 cm. Die Holzstärke beträgt zwei Zentimeter. Die weiteren Maße ergeben sich im Laufe der Arbeiten. Wände und Wippe der Falle werden aus dem gleichen Material gefertigt. Passende Schrauben, Akkuschrauber und Zollstock dürfen nicht fehlen.

Nach dem Anzeichnen der Maße erleichtert eine Handkreis- oder Kappsäge den passgenauen Zuschnitt der Hölzer.

01

02

04

05

03

01 Die Wippe wird an beiden Seiten angeschrägt, damit dem Wild keine Hürde das Einlaufen erschwert.

02 An den Seitenwänden beginnend, werden die Löcher für die Verbindungsschrauben vorgebohrt.

03 Die Mitte der ersten Seitenwand erhält die Bohrung für die Wippenachse. Der Abstand beträgt 6,5 cm zur Wandunterkante und 33,5 cm zum Eingangsbereich.

04 Nun werden ein Seitenteil und das Bodenbrett durch die vorgebohrten Löcher mit verzinkten Schrauben verbunden.

05 Das Wippbrett wird eingepasst und seine Mitte markiert. Gegenüber dem Eingangsbereich muss Licht durch einen ca. 2 cm breiten Spalt einfallen können.

06

07

06 Mit einem 4-mm-Bohrer erhält das Wippbrett die Bohrung für die Wippenachse.

07 Schon die erst einseitig montierte Falle lässt erkennen: Die Wippe liegt im Eingangsbereich auf, am anderen Ende ist der Spalt gut zu erkennen.

08 Befestigung des Riegels an der Wippe: Ein einfacher Winkel wird mit Drahtschlaufen so eingeschlagen, dass der Riegel beim Wippen des Bretts automatisch nach unten schwingt. Die Sicherungsschlaufe verhindert sein Herausrutschen.

09 Um den exakten Sitz zu gewährleisten, wird der Riegel an passender Stelle gekürzt.

10 Liegt das Wippbrett in der Ausgangslage, ist der Riegel so platziert, das der Eingangsbereich ohne eine störende Barriere wirkt.

11 Im Eingangsbereich wird ein Verschlussholz montiert, um ein Entkommen des Wilds zu verhindern. Da jetzt hier kein Licht mehr einfällt, ist ein Durchbeißen (z. B. Ratten) weitestgehend ausgeschlossen.

12 Die Seitenansicht lässt erkennen, wie Riegel und Verschlussholz den Fangraum abdichten.

10

11

08

09

12

13

14

15

17

18

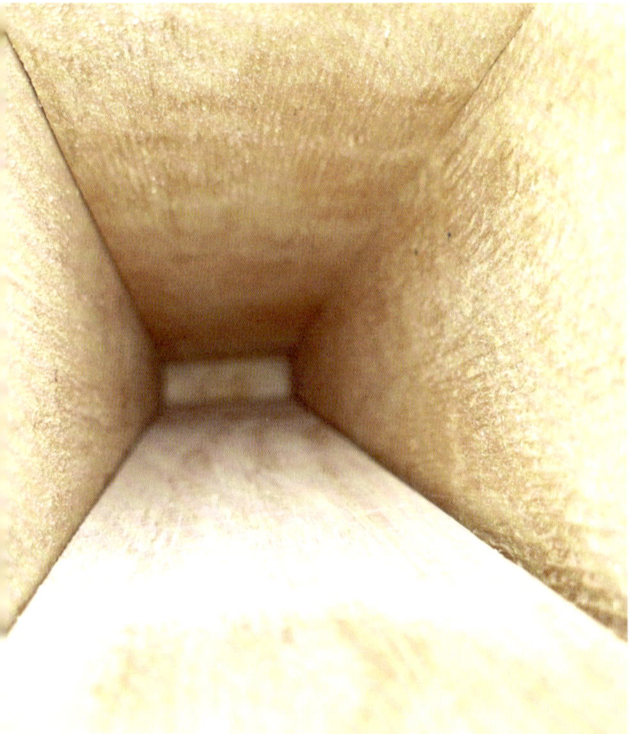

16

Ob die fertiggestellte Falle noch mit einem Holzschutzmittel versehen wird, ist „Geschmackssache". Die Erfahrung zeigt, dass auch behandeltes Holz den Naturgewalten nicht ewig standhält. Es empfiehlt sich daher, Einschubkästen zu bauen, in denen die Wieselfallen trocken und sicher dort im Revier platziert werden können, wo sich Betonrohre, Hohlsteine oder Durchlassrohre als Standort anbieten.

19

13 Montage des zweiten Seitenteils nach exakter Einpassung des Verschlussholzes. Hilfreich ist, die Achsschraube vorab ins Seitenteil einzulassen.

14 Die Falle wird nun durch Eindrehen der Schrauben verschlossen, das Veschlussstück ebenfalls verschraubt.

15 Die Achsschrauben werden nicht komplett in die Seitenteile eingedreht, denn die Wippe braucht Spiel.

16 Der Blick von hinten in die geschlossene Falle: Kein Licht dringt im Eingangsbereich ein.

17 Den Abschluss des Fangraums bildet eine Plexiglasscheibe (kein Drahtgitter!) Zur Verhinderung von Luftstau in der Falle werden abschließend 7-mm-Löcher in den vorderen Bereich ihres Daches gebohrt.

18 Blick in die Falle von vorn: An der Rückseite fällt genug Licht ein, um das neugierige Wiesel zu einem Besuch zu animieren.

19 Die einbaufertige Falle

RUND UM DEN LEBENDFANG

DAS ABFANGEN VON WILD

Die Entnahme des gefangenen Tieres aus der lebend fangenden Falle will genauso überlegt sein wie die Standort- oder die Köderauswahl. Welche Hilfsmittel werden benötigt bzw. was ist zur tierschutzgerechten Entnahme bei Wild erforderlich?

Rechtlich gibt es die Vorgabe, nur bei Tageslicht abzufangen. Das Anleuchten von Wild im Fangkörper zu dessen Bestimmung ist erlaubt, jedoch nicht der Fangschuss mithilfe künstlichen Lichts. Fänge während der Nacht werden daher möglichst umgehend bei Tagesanbruch entnommen.
Die Entnahme des gefangenen Tieres erfolgt mithilfe von Fangkorb, Fangkiste, Drahtfalle, Fangsack oder Abfangnetz.

Fangnetz inkl. Adapter, selbstschließender Abfangkorb und Abfangkiste

Hier wurde das gefangene Wild mittels Kamera bestimmt: ein ausgewachsener Baummarderrüde.

Insbesondere für kleines Wild und kleine Tiere ist das Abfangnetz geeignet, ...

FANGSACK UND ABFANGNETZ

Ein wesentliches Argument bei den genannten Abfang-Hilfsmitteln ist deren Gewicht. Stehen Fallen weit vom nächsten fahrbaren Weg entfernt, wird der Weg dahin mit schwerer Abfangkiste und Waffe für den Fallensteller sehr mühsam. Daher wurden zunehmend Abfangtechniken entwickelt, die nicht nur tierschutzkonform, sondern außerdem auch praktisch sind. Soll Wild entnommen werden, sind da Fangsäcke bzw. Abfangnetz erste Wahl. Mit den Leichtgewichten ist es kein Problem, auch längere Strecken zu laufen.

Insbesondere das noch wenig bekannte Abfangnetz sorgt für eine sichere Entnahme, ohne Verletzungen entstehen zu lassen. Abfangnetze sind allerdings nicht für Wild bzw. Tiere jeder Größe, sondern vor allem für kleinere Arten geeignet. Ratten, Wiesel bis hin zu den Marderartigen in die Fangnetze laufen zu lassen, ist relativ einfach.

... aber auch für Jungfüchse.

KEIN ABFANGEN IN DER FALLE

Das Abfangen des gefangenen Tieres bzw. der Fangschuss mit der Waffe in der Falle hat zu unterbleiben. Abpraller sind – vor allem in Betonrohrfallen – nicht zu vermeiden. Holzkasten- oder Kunststofffallen lassen aufgrund ihres Materials ebenfalls keinen Fangschuss zu. Einzige Ausnahme: Mit 1-mm-Schrotmunition ist der Fangschuss in der Fall auf eine kurze Distanz von ca. 20 bis 30 cm möglich.

302

Zum Film: Entnahme eines Dachses

FANGKORB UND ABFANGKISTE

Zur Entnahme aus Betonröhrenfallen empfiehlt sich die Verwendung von Fangkörben. Diese dienen nur dem Abfangen des Wildes. Sie werden vor die Rohrfalle gestellt und mit Stäben stabilisiert. Wer jedes Missgeschick ausschließen möchte, verankert den Korb zusätzlich im Erdreich. Außerdem ist es empfehlenswert, den offenen Abfangkorb mit einer Decke oder einem Tuch zu verdunkeln. Das einlaufende Wild verhält sich dann deutlich ruhiger.

TIPP

Bei selbstschließenden Abfangkörben springt das Wild nach dem Herunterfallen des Schiebers ohne eine Abdeckung des Abfangkorbs unruhig hin und her. Daher wird unverzüglich der Fangschuss angesetzt, um das Wild zu erlösen.

Ist der Korb in Position, wird der Schieber nun sicher und ruhig an der gegenüberliegenden Seite in die Rohrfalle eingeführt. Erst danach wird der Fallschieber vor dem Korb hochgezogen.

Abfangkorb vor einer Röhrenfalle

Für die Entnahme des gefangenen Wildes werden ein Schieber sowie Abfangkorb benötigt.

Für kleineres Wild ist auch eine Bürste mit dem Netz sehr gut zu verwenden. Die Vorteile sind hier die leichte Handhabung und das Verstauen im Auto.

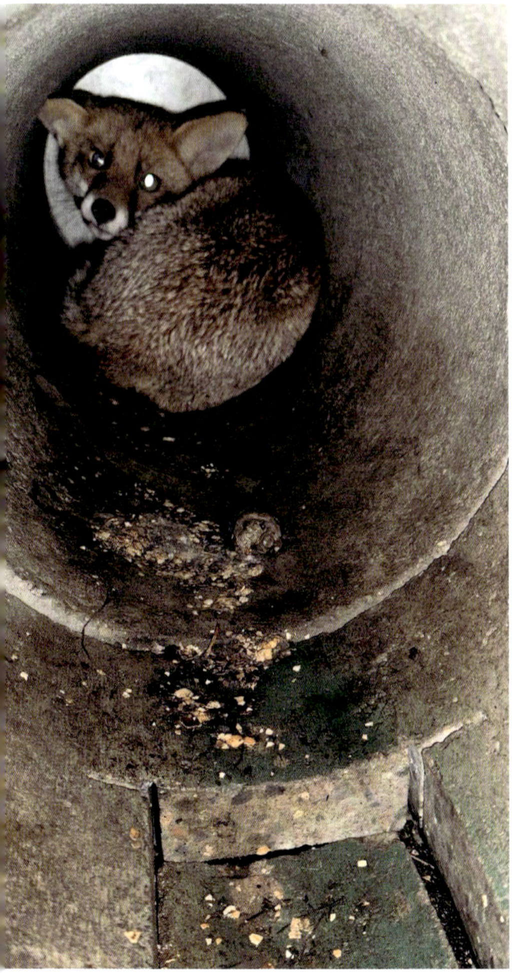

Der Fuchs liegt ruhig in der Betonrohrfalle.

Fuchs, Marderhund oder Dachs kommen in der Regel rückwärts aus dem Rohrfallensystem. Der Fangschuss erfolgt unmittelbar nach dem Einlaufen des Wildes.
Solche Entnahmekörbe können, insbesondere an schwer zugänglichen Standorten, dauerhaft platziert werden und dort in einem Versteck verbleiben. Gegebenenfalls werden sie mit Kette und Schloss gegen Diebstahl oder Missbrauch abgesichert.

TIPP

Die Entnahme sollte vor dem Ernstfall durchaus geübt und getestet werden. Eine Schubstange, die eine entsprechende Länge besitzt, wird nach dem Aufbau der Fanganlage auf ihre Funktion hin überprüft. Ziel muss sein, dass grundsätzlich eine Person in kürzester Zeit das Entnehmen und Abfangen von gefangenem Wild vornehmen kann.

Dieser Steinmarder wird mit einem Abfangkorb aus der Betonrohrfalle entnommen.

ABFANGKISTE

Insbesondere zur Entnahme von Mardern am Haus ist eine Abfangkiste besser als ein Korb. Die Kiste muss exakt den Maßen der Kastenfalle entsprechen.
Nicht immer gelingt es, Raubwild schnell aus Lebendfallen zu entnehmen. Deshalb gilt es, Ruhe zu bewahren, so groß die Euphorie im Moment des Fangerfolgs auch ist. Dies gilt für alle Fangsysteme!

FANGSCHUSS

303
Zum Film: Fangschuss

Es ist in den vorgegebenen Situationen – das Wild ist ja in der Falle oder der Abfangvorrichtung gebunden – vergleichsweise einfach, einen sicheren Fangschuss mit einem kleinen Kaliber anzubringen. In der Praxis haben sich Trommelrevolver im Kaliber .22 lfB als Fangschusswaffen bewährt.

ÜBEN UND TESTEN!

Auf dem Schießstand müssen der Umgang mit der Waffe geübt und verschiedene Patronen getestet werden. Trainiert wird der Schuss auf kurze Distanz nach Maßgabe der Sicherheitsvorschriften.

WAFFE UND MUNITION

Fangschüsse sollten möglichst balgschonend erfolgen, müssen aber immer tödlich sein. Kurzwaffen sind beim Fangschuss wesentlich leichter zu handhaben als Langwaffen. Das Kaliber .22 Schrot eignet sich hervorragend insbesondere für Kleinwild wie Wiesel

oder andere geringe Tiere. Die Streuung der kleinen Schrote aus der Kurzwaffe ist allerdings enorm. Daher gilt es, möglichst dicht an das Wild zu gelangen. 15 bis 20 cm Abstand zum Wild sind ideal.
Grundsätzlich gelingt es natürlich umso besser, das gefangene Wild schnell und qualfrei zu erlegen, je näher die Waffenmündung am Wild ist. Nur der gezielt angebrachte Fangschuss vermeidet Fehlschüsse. Distanzschüsse von mehr als drei Metern in z. B. der Rohrfalle sind nicht tierschutzgerecht und in jedem Fall zu unterlassen.
Für Kleinkaliber-Handfeuerwaffen sind die .22 lfB HV oder HP ideal. Sie sind u. a. geeignet für Fuchs und Dachs. Hasen lassen sich sicher und gezielt damit erlegen, ohne großen Schaden am Wildbret anzurichten. Die Patronen sind mittlerweile auch in bleifreien Versionen erhältlich, was hinsichtlich der weiteren Verwertung und des Verzehrs von Hasen, Kaninchen oder vielleicht auch Nutrias von Bedeutung ist.
Die genannten Patronen besitzen in den Ladungen eine enorme Durchschlagskraft. Größere Kaliber sind nicht notwendig! Nicht selten werden Fallen zerschossen, weil der Fangschuss falsch angesetzt wurde. Es wurden aber auch schon genug Fallen zerstört, weil für den Fangschuss das Kaliber .38 Spezial zum Einsatz kam …

LANGWAFFE

Steht keine Kurzwaffe zur Verfügung, kann das Wild auch mit der Langwaffe erlegt werden, wenngleich dies umständlicher ist. Eine kleinkalibrige Langwaffe ist aber für wenig Geld beim Händler zu erwerben, eine Kurzwaffe dagegen deutlich teurer.

PFLEGE

Gute Pflege ist ein Muss für alle Fangschusswaffen, auch für den recht robusten Revolver. Rost setzt insbesondere dann rasch an, wenn die Waffen häufig an Fallenstandorten im und am Wasser eingesetzt werden.

Kaliber .22 Schrot ist besonders für den Fangschuss auf kleines Raubwild geeignet.

„Vogelschrot" hat Wirkung! Der Fangschuss wird immer dicht am Wildkörper abgegeben.

Fangschussmunition: für geringes Wild 1-mm-Schrot, für Fuchs, Dachs oder Enok .22 lfB HV

KURZWAFFE – FÜHREN UND TRANSPORT

Grundsätzlich wird für den Kauf einer Kurzwaffe ein Voreintrag benötigt. Im Kapitel „Fangschuss“ wird auf die Kaliberstärke und Auswahl der Waffe eingegangen. Doch zunächst einige Tipps zum Umgang mit der Kurzwaffe. Die Waffe wird in einem Waffenschrank mit der entsprechenden Sicherheitsstufe aufbewahrt. Der Tresor muss beim Neukauf der Sicherheitsstufe 0 oder 1 nach Euronorm EN1143-1 entsprechen. Niemand außer die Berechtigten dürfen Zugang zu der Waffe haben. Ratsam ist es, die Waffe auf dem Weg ins Revier am Holster, bzw. in der Tasche verdeckt zu transportieren. Liegt das Revier außerhalb des Wohnortes, muss der Zugriff für Außenstehende unmöglich sein. Dies kann beispielsweise durch eine abschließbare Box gewährleistet werden. Wer im Revier Waffen transportiert, und sei es nur zum Fangschuss an der Falle, unterliegt strengen Regeln. Das Waffengesetz bestimmt, wie Waffen zu transportieren sind. Unter den Paragrafen 29 bis 33 ist das Verbringen und die Mitnahme von Waffen geregelt. Beim Transport muss der Jäger stets seine Waffenbesitzkarte sowie seinen Jagdschein mitführen. Beim Transport im Auto muss gewährleistet sein, dass die Kurzwaffe weder einsatz- noch zugriffsbereit ist. Die Waffe muss selbstverständlich entladen sein und die Munition ist getrennt aufzubewahren. Erst wenn der Fänger an der Falle steht, sich darüber im Klaren ist, welches Wild mit welcher Munition erlegt werden soll (näheres im Kapitel Fangschuss), wird die Waffe geladen. Der Fangschuss ist daraufhin umgehend zu tätigen, um dem Wild keinen unnötigen Stress zuzufügen. Danach wird die Waffe entladen und wieder im Holster bzw. einer Tasche verstaut.

Kurzwaffen müssen in einem entsprechenden Waffenschrank aufbewahrt werden.

Erst unmittelbar vor dem Fangschuss wird die Kurzwaffe geladen.

PISTOLEN UNGEEIGNET

Abzuraten ist von der Anschaffung kleinkalibriger Pistolen als Fangschusswaffen. Mit einem Pistolenmagazin entstehen allzu leicht Probleme, wenn Sand oder Dreck an die Waffe geraten. Und beim ständigen Gebrauch im Revier leiden die Waffen zwangsläufig.

ELEKTRONISCHE STANDORTÜBERWACHUNG

Zu den vielen nützlichen Errungenschaften moderner Jagd gehören neben Entfernungsmessern, Leuchtpunktabsehen an den Zielfernrohren oder Wildkameras unzweifelhaft auch Fangmelder für Fallen.

MELDESYSTEME IM REVIER

Ob nun Fluch oder ein Segen, die Erfahrungen der letzten Jahre zeigen, dass die Fallenjagd ohne Fangmelder ein Schattendasein fristen würde. Ohne diese Technik könnten viele Jäger gar keine effektive und tierschutzgerechte Fallenjagd betreiben.

Die Meldetechnik ersetzt grundsätzlich nicht die Fahrt ins Revier, doch können mit ihrer Hilfe zahllose Fahrkilometerwege im Revier eingespart werden. Auf Dauer sind Meldesysteme eine lohnenswerte Anschaffung. Eine Idee, die im letzten Jahrzehnt noch in den Kinderschuhen steckte, setzt sich heute in sehr vielen Revieren durch. Denn der Erfolg gibt dieser Technik Recht. Bei allen anderen Vorteilen ist der entscheidende Punkt bei Meldern, Fallen über

FANGJAGDKOSTEN – EIN ANHALTSPUNKT

Der Erwerb von Fangsystemen ist ein nicht unerheblicher Kostenfaktor. Auch die Beschaffungskosten für die Fallen selbst, sofern sie nicht selbst gebaut werden, können sehr schnell einen vierstelligen Betrag erreichen. So sieht eine Beispielsrechnung für einen Standort mit einem Betonrohrsystem in etwa aus wie folgt:

Betonrohrsystem, fertig installiert und auf Palette geliefert:	500–790,–€
Passendes Meldesystem:	200,–€
Batterie- und SIM-Kartenkosten p. a.:	25,–€

Hinzu kommen die Kosten der Fangplatzeinrichtung – v. a der Einbau von Betonrohrfallen sollte in jedem Falle mit Maschinenunterstützung geschehen – und einer passenden Abfangvorrichtung sowie als laufende Kosten die Fahrten zum Standort, ggf. Köderkauf und die auch weiterhin anfallenden SIM-Kartengebühren.

Das Angebot an Fangmeldesystemen ist groß geworden.

Ein frühes Modell eines Fangmeldern. Mittlerweile ist die Entwicklung deutlich weiter.

Aktuelle Fangmelder sind wasserdicht und können vom Wild nicht mehr beschädigt werden.

●	08:58	OK.
●	08:51	Melder ist noch immer ausgelöst.
●	08:11	Melder ist noch immer ausgelöst.
●	08:08	Melder ist noch immer ausgelöst.

Heute werden die Fangmeldungen aus dem Revier meist zentral in einer App verwaltet.

24 Stunden und 365 Tage im Jahr überwachen zu können. Dem Tierschutz wird Rechnung getragen, wenn nach einer Meldung das Wild unverzüglich aus der Falle entnommen werden kann.
Vor ca. 16 Jahren hielt die Funktechnik per SMS in der Fallenjagd Einzug. Wurde die Falle ausgelöst, meldete ein Gerät diesen Umstand zielführend an das Mobiltelefon des Nutzers.
Über die Jahre hat sich die Technik weiterentwickelt und in einigen Systemen heute ausgereiften Stand erlangt. Professionelle Geräte wie Minkpolice, Trapmaster, Reviermanager, Wildmelder usw. sind zuverlässig und sicher in der Anwendung – und damit hinsichtlich Fallen oder Reviereinrichtungen zu praktischen, unersetzlichen Helfern geworden.

AUSWAHLKRITERIEN

Folgende Punkte bzw. Ausstattungselemente sollten bei der Auswahl der Geräte und deren Anwendung beachtet werden:

1. eine möglichst lange Haltbarkeit der Akkus und deren Austauschmöglichkeit durch ein externes Akkufach,
2. wasserdichte Lagerung der Akkus,
3. problemloses Einsetzen von SIM-Karte und Akkus,
4. eine tägliche Kontroll-Statusmeldung über den Ladezustand der Batterie und die Signalstärke, manche Geräte zeigen sogar die die Temperatur in der Falle an;
5. das unverzügliche Melden, wenn die Falle ausgelöst wird,
6. die Möglichkeit, mehrere Nutzer gleichzeitig zu benachrichtigen,
7. eine Internetplattform, über die der Fallensteller zusätzlich zum Handy die Einrichtungen technisch betreuen kann,
8. ausreichende Sendeleistung auch bei widrigen Wetterbedingungen wie hoher Schneelage,
9. die sichere Gewährleistung des Datenschutzes.

PROGRAMMIERUNG UND KOSTEN

Alternativlos ist die Möglichkeit zur Programmierung der Einstellungen über das Internet. Hier kann zugleich mit der Installation der Geräte die Registrierung der Fallenstandorte anwenderfreundlich übernommen werden, und die gesamte Kontrolle der Melder und Fallenstandorte ist via Bildschirm möglich.

Neben den Anschaffungskosten der Geräte sind weiterhin die Kosten der SIM-Karten für die Melder und die Batteriekosten in Betracht zu ziehen. Je nach Tarif und Leistung müssen diese Kosten zusätzlich gerechnet werden. Die Kosten amortisieren sich dank nicht gefahrener Kilometer im Revier.

Es muss nicht immer ein Wippbrett sein. In dieser Falle wurde der Köder auf einen Köderstab aufgezogen.

FEUCHTIGKEIT UND SCHNEE

Niederschlag und Feuchtigkeit sind wesentliche Themen bei der Nutzung von Meldesystemen. Schneelagen, die die Sendeleistung erheblich beeinträchtigen können, wurden unter anderem bei „Wildmelder" und „Reviermanager Fallenalarm" nachteilig bewertet. „Minkpolice" z. B. hat dieses Problem durch einen Antennen-Nachrüstsatz gut gelöst.

Extrem feuchte Fallenstandorte bergen unter Umständen die Gefahr, dass Falle inklusive Melder überflutet werden. Doch auch ohne solche Worst-Case-Szenarien ist in jedem Fall die wasserdichte Lagerung der Akkus elektronischer Melder außerordentlich

Fallenstandorte wie dieser verlangen absolut wasserfeste Meldesysteme! Elektronik ist immer anfällig gegenüber Feuchtigkeit.

Melder mit einem Neigungssensor können einfach auf einer der Fangklappen montiert werden.

wichtig. Geraten die Akkus mit Wasser in Berührung, funktionierten die Melder nicht mehr ordnungsgemäß. Wird die Stromzufuhr ganz unterbrochen, ist in der Regel ein kompletter Austausch der Batterien notwendig.

INBETRIEBNAHME UND EINBAU

Bei niederpreisigen Geräten sind Installation der Karte und Initialisierung etwas umständlich im Vergleich zu kompakten, ausgereiften Systemen. Ob eine komplizierte Initialisierung der Einstellungen per Handy nötig ist, wird daher am besten vor der Anschaffung geklärt.
Ein nützliches Tool sind verfügbare Apps zur Installation auf dem Mobiltelefon. Diese Programme können ebenfalls auf PCs heruntergeladen werden, was insbesondere die Grundkonfigurationen an den Meldern wieder sehr erleichtert.

Aktuelle Melder müssen nicht mehr geschützt werden.

MOBILNETZ – EIN K.O.-KRITERIUM?

Der Netz-Standard 2G ist heute bei allen Meldesystemen installiert. Das kann für viele Systeme, die sich nicht auf 4G umrüsten lassen, zum Schwachpunkt werden. „Minkpolice" richtet seine neuen Geräte bereits auf 4G ein – viele andere Hersteller werden Probleme bekommen, sofern sie dies absehbar nicht auch tun. Die Zukunft wird zeigen, ob nach Ausbau der Netzabdeckung mit 4G diese Technik auch bei älteren Meldern nutzbar ist.

Die Installation der Melder an den Fallen ist, je nach Bauart des Systems, leicht umzusetzen. Die Gehäuse der Melder erwiesen sich in Tests als robust und ließen sich leicht verschrauben. Lediglich für das Gehäuse von „Wildmelder" muss eine zusätzliche Unterbringung an der Falle eingebaut werden.

STROMVERBRAUCH

Zum Problem kann der unterschiedliche Stromverbrauch der Geräte werden. Ist am Standort nur ein schwaches Netz vorhanden, versuchen die Melder, je nach Bauart, unermüdlich eine Verbindung zum Server zu bekommen. Dies führte unweigerlich zu einem höheren Stromverbrauch bei sämtlichen Geräten.
Nach den Erfahrungen vieler Berufsjäger und professioneller Fänger ist der Einsatz elektronischer Meldesysteme auch für den Fangerfolg Gold wert. Die Fangstandorte werden für das Wild vertrauter, weil sie

Wildkameras haben als Instrument der Standwortüberwachung mittlerweile einen festen Platz in der Fangjagd.

deutlich weniger „Menschenbesuch“ erhalten. Insbesondere für nicht beköderte Lebendfallen weit abseits der Revierwege bedeutet dies eine deutlich bessere Annahme. Die Melder können zudem auch zur Kontrolle der Luderplätze und zur Revierüberwachung genutzt werden.

ÜBERWACHUNG MIT WILDKAMERAS

Um Fangplätze oder Standorte zu überwachen, kann auch auf die Hilfe von Wildkameras mit dem Zusatz GSM oder GPRS zurückgegriffen werden. Die Aufnahmen werden direkt per E-Mail oder MMS auf den Rechner bzw. das Mobiltelefon gesandt. Auch bei der Nutzung von Meldesystemen kommen zunehmend hochwertige Wildkameras zusätzlich zum Einsatz. Der Vorteil dieser Methode liegt auf der Hand: Neben dem Verlauf des Fangens wird sicher übermittelt, was sich wann und wie an der Falle aufhält, Jagdgegner inklusive. Faszinierend ist außerdem, beobachten zu können, wie sich das Raubwild an der Falle verhält.
Vergleicht man die Kosten der Anschaffung eines hochwertigen Fallenmelders mit denen einer hochwertigen Funk-Wildkamera, liegen die gar nicht mal so weit auseinander. Lediglich die Kosten der Bildkontingente und die Akkus schrecken ab, um jede Falle damit abzusichern.
Nicht nur die Auslösung der Falle wird dokumentiert, es wird zudem der vorherige Fangverlauf aufgezeichnet. Standortunabhängig ist es möglich, jederzeit und von jedem Ort die Fallen zu überwachen, vorausgesetzt das Funknetz ist ausreichend.
Die Überwachung von Fallen und anderer Reviereinrichtungen, sei es über elektronische Fallenmelder oder Wildkameras, wird dauerhaft in den Jagdrevieren Einzug halten.

SPEZIALFÄLLE HAUSMARDER, WASCHBÄR UND HAUSTIERE

Die „Urbanisierung" zahlreicher Wildtierarten und insbesondere von Fuchs und Steinmarder schreitet ungebremst voran. Verbunden sind damit Probleme, von denen „nächtliche Ruhestörung" noch ein vergleichsweise harmloses ist

Hat sich ein Steinmarder einmal auf dem Dachboden eingefunden, hat dies seine Ursachen. Zum einen findet er in einer Siedlung reichlich Beute (Ratten, Hühner und Singvögel), andererseits gibt es kaum Feinde, die ihm zu Leibe rücken. Jungmarder werden gelegentlich Beute von Füchsen, ansonsten haben es die Marder in Siedlungen gut getroffen. Lediglich der Autoverkehr fordert seine Opfer. Gleiches gilt auch für Waschbären.

UNGESTÖRTE LEBENSRÄUME

Marder suchen in Häusern und auf Dachböden nach Beute und finden nicht selten einen ungestörten Lebensraum, um ihre Jungen im Frühjahr aufzuziehen. Die Paarungszeit verläuft im Sommer, durch die verlängerte Tragezeit werden die Welpen in der Regel im März/April gesetzt. Aber schon im Sommer suchen die Steinmarder die Aufzuchtmöglichkeiten aus. Und wo die Plagegeister nicht gestört werden, dort lassen sie sich nieder. Nicht selten werden Ferienwohnungen oder leer stehende Gebäude als erste Adresse der Jungenaufzucht gewählt. Insbesondere bei Rentnern scheinen sich die Hausmarder wohl zu fühlen, von diesem Personenkreis werden die meisten Anfragen zum Fangen der Plagegeister gestellt.

Die nächtlichen Störungen durch Marder sind in der Tat gewaltig. Das Poltern, Kreischen und Quieken der Welpen ist unerträglich. Nicht zu verachten ist auch die Geruchsbelästigung, denn die Losung wird oft so abgesetzt, dass sich ein doch eher scharfes „Odeur" entwickelt. Fliegen und Maden zeigen Ansammlungen verwesender Fleisches von Beutetieren an – von den Altmardern gehortete Vorräte für den Nachwuchs. Spätestens jetzt werden Hauseigentümer auf die Untermieter aufmerksam.

Gesimseschäden durch Marderurin und -losung

Da kommt Freude auf – Marderschaden im Dach

EIN PRAXISBEISPIEL

Ein ganz typischer Fall aus dem Alltag: Auf dem Dachboden werden im April deutliche Poltergeräusche eines Untermieters wahrgenommen. Sie verheißen eine Steinmarderfähe oder eine Waschbärin nebst Zuwachs.

In der Aufzuchtzeit ist die Bejagung dieser Arten nicht zulässig, der Tierschutz lässt hier keinen Spielraum. Die Frage, die der vor Ort ansässige Jäger nun vom Hauseigentümer gestellt bekommt, ist nachvollziehbar: „Können Sie mir den Plagegeist nicht einfach wegfangen?"

Der Jäger klärt über die Grundlagen auf, weist auf die rechtliche Situation hin und wird hier nichts tun, denn das würde ihn schlichtweg den Jagdschein kosten. Das Fangen außerhalb der Jagdzeit und der Fang führender Elterntiere ist ein Verstoß gegen das Tierschutz- und Jagdgesetz und führt zum Entzug des Jagdscheins.

Einstiege wie hier in einer Garage findet der Marder „an jeder Ecke".

KEIN FALLENEINSATZ ZUR BRUT- UND SETZZEIT

Der Einsatz einer Lebend- oder Totschlagfalle ist grundsätzlich unzulässig! Die gesetzeskonforme Bejagung mit Fallen ist zwar ein Grundrecht des Grundstückseigentümers, doch auch ihm geben die Jagdzeiten vor, wann und wo Fallen fängisch gestellt werden dürfen oder eben nicht. Überdies wäre der Fallenfang in der „Unruhezeit" auch nicht wirklich zielführend: Zum einen würde es einige Zeit dauern, bis der Marder diese Falle annähme, zum anderen wäre das Problem damit nicht dauerhaft gelöst. In kurzer Zeit käme der nächste Marder aus der Umgebung und nähme das Revier des gefangenen Artgenossen ein. Gleiches gilt für Waschbären. Nur das Verschließen von Zugängen und Wohnraum verhindert ein erneutes Auftreten der Plagegeister.

Auch der dann folgende Anruf des Hauseigentümers beim „Schädlingsbekämpfer" aus den Gelben Seiten ist nachvollziehbar. Ein Dienstleister wird um die Erfüllung eines Auftrags gebeten. Und die Firma? Sie beseitigt die nächtliche Unruhestiftung. Ob nun Jungtiere auf dem Dachgeschoss liegen oder nicht, das „Problem" wird gelöst! Übrigens fallen oft genug auch Siebenschläfer, Ratten oder sonstiges „Ungetier" in die Kategorie „Schädlingsbekämpfung".

BEUNRUHIGUNG DER EXTRAKLASSE

Was ist zu tun, um den Marder oder Waschbären zu vergrämen? Es hat sich gezeigt, dass Steinmarder keine Unruhe mögen. Hunde und Katzen allein sorgen allerdings nicht für genug Unruhe im und am Haus. Da muss schon mehr getan werden! Ein Fachmann öffnet das Dach und stört die Plagegeister durch die damit verbundene Unruhe auf dem Bodenraum. Die Bereiche, in denen sich die Marder gelöst haben, werden gesäubert, gegebenenfalls mit einem Hochdruckreiniger. Das zuverlässige Ergebnis: Marder und gegebenenfalls auch Waschbären ziehen umgehend aus und nehmen die Jungtiere mit. Sollten sich bei den Arbeiten am Dach, Gesimse oder Bodenraum ein Geheck mit Jungtieren finden, werden diese in einem Karton im Bereich des Einstiegs platziert. Die Elterntiere werden auch dann den Nachwuchs in der Nacht in ein anderes Versteck bringen.

Nach zwei bis drei Tagen wird dann der gesamte Zugangsbereich verschlossen und abgesichert. Denn eines dürfte klar sein: Unter keinen Umständen dürfen die Störenfriede weiterhin Zutritt zum Haus haben. Pergolen, Balkons oder Geländer sind häufig die einfachsten Zugänge für beide Arten. Jeden Dachüberstand, der nur den geringsten Spalt freigibt, nutzt der Marder als Eintrittstor.

01

02

03

01 Ran ans Dach – Handwerker bei der Arbeit. Für Unruhe ist jedenfalls gesorgt.

02 Nach dem Aufschieben der Dachpfannen bietet sich dieses Bild …

03 Junger Steinmarder im Versteck

04 Jungmarder vor dem Umsiedeln

04

All diese Möglichkeiten müssen ggf. verbaut oder entsprechend gegen die Kletterkünstler abgesichert werden.

PRÄVENTION

Es gibt zudem einfache und sichere Methoden, bei Sorge vor unliebsamem Besuch diesen bereits im Vorfeld zu verhindern. Es werden einige Dachpfannen vorübergehend entfernt und die Zugangsmöglichkeiten zum Bodenraum umgebaut. In der Regel ist es deutlich günstiger und dauerhafter, einen Dachdecker oder Zimmermann damit zu beauftragen, potenzielle Zugänge abzudichten und Schlupflöcher zu schließen.

Ist der vierläufige Untermieter bereits eingezogen, kann ihm nach der ersten Entdeckung der Bodenraum unter Umständen frühzeitig mit Lautstärke und Licht verleidet werden. Das hilft meist jedoch nur für einige, wenige Tage. Das Wild gewöhnt sich schnell solche Dinge.

„ÖFFENTLICHKEITS-ARBEIT"

Scheuen Sie sich als Jäger also nicht, den geschädigten Hauseigentümer auf die tierschutz- und jagdrechtlichen Rahmenbedingungen hinzuweisen und ihm gegebenenfalls die hier beschriebenen Vergrämungsmöglich-

Die gewohnte Umgebung nach Kräften zu beunruhigen, genügt meist schon, um den ungebetenen Obermieter das Weite suchen zu lassen.

keiten zu erklären. Die Aufklärung über Brut- und Setzzeiten und die Tierschutzgerechtigkeit der Fallenjagd ist in dieser Situation sogar ein Mittel der Öffentlichkeitsarbeit.
Nutzen Sie Gelegenheit und Situation, den Eigentümer um Erlaubnis zu bitten, in der Jagdzeit Fallen auf dem befriedeten Grundstück mit jederzeitigem freien Zugang stellen zu dürfen. Eine bessere Vorlage für „Fallenjagd-Marketing" gibt es kaum!
Wie solch eine Information und Aufklärung eines Grundstückseigentümers aussehen kann, ist im Serviceteil des Buches (S. 169) musterhaft abgedruckt.

HUND UND KATZE IN DER FALLE

Der Fang von Haustieren, insbesondere Hund oder Katze, kommt gelegentlich vor und ist ungewollter, aber unvermeidbarer Bestandteil der Jagd mit Fallen. Freigänger, die nicht wieder nach Hause kommen wollen, oder ausgesetzte Katzen sind ein Problem in den Revieren. Nach Absprache mit den Tierschutzvereinen ist das Überstellen der Stubentiger in öffentliche Tierheime kein Problem. Eine Grundvoraussetzung ist natürlich, dass die Tierheime die Freigänger auch annehmen. Dies ist vorab zu klären.

HAUSKATZE IN LEBENDFALLE

Solange die rechtlichen Voraussetzungen (Abstand zu den Häusern und befriedeten Bezirken usw.) erfüllt sind, dürfen Fallen für den unversehrten Lebendfang an 365 Tagen im Jahr gestellt werden. Katzen fangen sich immer einmal wieder in Kastenfallen. Ist das geschehen, kommt es auf den Umgang mit den Tier an. Der Transport in einer dunklen Abfangkiste wird hier zwingend empfohlen. Drahtkörbe sind wegen der Selbstverletzungsgefahr dafür fehl am Platz.

Hauskatze in einer Kastenfalle. Wenn sie sich fängt, wird sie in einem stabilen, dunklen Behälter zum Tierheim gebracht.

HUNDEFALLEN

Entlaufene Hunde, die einfach nicht zu bekommen sind, können über Hundefallen eingefangen werden. Diese Fallen sollten in jedem Fall den örtlichen Behörden gemeldet werden, um unnötigen Ärger zu vermeiden. Aufgrund der offenen Bauart sind Fänge anderer Arten möglich.
In jedem Fall werden Hundefallen mit einem Meldesystem ausgerüstet. Gebaut werden die Fallen so, dass Verletzungen des gefangenen Vierläufers ausgeschlossen und auch keine Gefahren gegenüber Dritten besteht. Warnschilder sind dringend erforderlich, um neugierige, unerwünschte Personen schon frühzeitig zu warnen. Wo Hundefallen stehen, sind Passanten nicht erwünscht. Der Aufbau der Fallen muss möglichst kompakt und die Falle leicht umzusetzen sein. Ausgestattet werden die Fallen mit einem sicheren und unkomplizierten Auslöser. Er ist so einzustellen, dass jegliche Verletzungen durch das Schließen der Klappe oder Falltür ausgeschlossen sind.
Im Grunde ist die Hundefalle ein begehbarer Hundezwinger. Die Grundfläche sollte nicht unter ein auf zwei Metern liegen, die

Wo Hundefallen stehen, sind Neugierige fehl am Platz. Ein Wanrschild ist ein unbedingtes Muss!

Höhe 1,50 m betragen. Zum Ködern werden Futterpakete ausgebracht, um den Streuner an einen Ort zu binden. Ist der Argwohn des Hundes überwunden, wird das Futter in den Fangzwinger gelegt und die Falle anschließend fängisch gestellt.
Wenn der Hund gefangen ist, wird idealerweise über die Gemeinde bzw. Stadt der beauftragte Hundefänger verständigt. Die Entnahme eines „wilden" Hundes ist nicht ungefährlich und muss von Fachleuten erledigt werden. In vielen Fällen wird eine Distanznarkose angewendet, um unnötigen Stress des Hundes und Verletzungen zu vermeiden.

Mitunter ist es notwendig, entlaufene und wildernde Hunde einzufangen. Den Behörden entsprechende Lebendfangfallen sofort zu melden, ist dringend anzuraten!

Eine Hundefalle ähnelt sehr einem normalen Zwinger. Einen verwilderten Hund dort herauszuholen, wird am besten dem professionellen Hundefänger überlassen!

DER FANG MIT SOFORT TÖTENDEN FALLEN

VORBEMERKUNGEN

Das Kapitel Totschlagfallen ist nach wie vor aktuell. Kleinerem Raubwild und insbesondere dem Steinmarder mit dem 37er-Eisen nachzustellen, ist unter Beachtung aller gesetzlichen Vorgaben und Sicherheitsvorkehrungen durchaus legitim und rechtens.

Einen Steinmarder hat das Eiabzugeisen im Fangbunker gefangen.

Eiabzugeisen in verschiedenen Bügelweiten. Moderne Fallen lösen auf Zug aus und fangen zuverlässig sofort tötend.

SICHERHEIT UND TIERSCHUTZ

SICHERHEITSVORKEHRUNGEN

Der Einsatz von Totschlagfallen begründet immer eine gewisse Gefahr für Mensch und Tier, wenn nicht akribisch alle Schutzmaßnahmen getroffen werden. Für sämtliche Totschlagfallen gelten daher klare sicherheitsrelevante Vorgaben. Jede einzelne davon muss ausnahmslos exakt beachtet und umgesetzt werden. Da genügt nicht nur ein Hinweisschild mit der allgemeinen Warnung vor Schlagfallen im Revier.

Alle Totschlagfallen sind nach heutigem Stand der Gesetzgebung so in einem geschlossenen Raum wie z. B. einer zugriffssicheren Mäuseburg, einem Fangbunker oder einem Fangzwinger (s. S. 152 ff.) zu stellen, dass das zu fangende Wild nur über spezielle Röhren oder Trichter an die Falle gelangen lässt. Eine Fallen-Notauslösung für den Fall, dass sich jemand an dem Fangplatz zu schaffen macht und den Bunker öffnet, ist zwingend notwendig. Darüber hinaus muss jeder einzelne Fallenbunker mit einem unmissverständlichen Warnhinweis versehen werden.

Fangbunker sind so herzustellen, dass kein Zweifel an der Sicherheit besteht. Bei Steinmarderbunkern hat der Einlauf eine Weite von acht Zentimetern. Das schließt aus, dass Haustiere wie Katzen in den Fangraum

FUCHS MIT DEM EISEN?

Größeres Wild wie Fuchs oder Dachs in Totschlagfallen im Revier zu fangen, ist nicht mehr zeitgemäß und auch unnötig, Etwas ähnliches wie einen Marderbunker, der Steinmarder nur über einen bestimmten Weg zum Köderei und zum Eisen im Inneren gelangen lässt, ist im Revier für Reineke und Grimbart kaum möglich. Füchse nehmen Bunker nach Erfahrung vieler Fänger nur ausnahmsweise oder gar nicht an. Die früher einmal propagierte Fangmethode, den Fuchs über Steine in flachem Wasser zum Eisen zu leiten, ist ebenfalls antiquiert und heute unangemessen. In Revieren mit Fischottervorkommen sind diese Methode und jede Art von Totschlagfalle ohnehin verboten. Im Siedlungsbereich gelingt ausnahmsweise, z. B in Ställen, der Fuchsfang mit dem Eisen – unter strenger Beachtung der Unfallverhütungsvorschriften. Die auch hier lauern Gefahren: Waschbären können z. B. an die Falle gehen und mit ihrer Art der Nahrungsaneignung dann nur an den Branten gefasst werden. In deutschen Revieren macht der Einzug von Betonrohrfallen, in denen alle anderen Raubwildarten mitgefangen werden können, den Einsatz von Totschlagfallen für den Fuchs ohnehin überflüssig. Die Fangjagd hat sich einfach gewandelt: Die Totschlagfalle hat nur noch in wenigen Fällen ihre Berechtigung.

Ein feiner Draht verbindet den auslösenden Köderteller mit dem Deckel des Fangbunkers.

Das Eisen steht so, dass das Wild über den losen Bügel in den Bunker einläuft.

Fehlerhafter Bunker. Durch das zu große Loch erreichen Unbefugte das Eisen mühelos.

gelangen können. Auch so mancher Fangjäger hat sich wohl schon mit mulmigem Gefühl das Szenario vorgestellt, dass sich der eigene Dackel oder Terrier nachts aus dem Staub macht, um auch einmal die Fallen zu „kontrollieren". Was für den Fuchs passt, passt auch für Teckel und Terrier.
Werden trotz ihrer Verzichtbarkeit Eisen für größere Wildarten im Revier platziert, sind die je nach Landesrecht geltenden Mindestabstände zu Häusern einzuhalten.

TIPP

Ketten Sie ein Eisen niemals an! Da es ohnehin nur in einem mit einem Vorhängeschloss gesicherten Bunker gestellt werden darf, ist es dadurch ausreichend vor Diebstahl geschützt. Wer aber die Energie aufbringt, so einen Bunker aufzubrechen, lässt sich auch nicht mehr von einer zusätzlichen Kette an der Falle aufhalten.

DIE EIGENE SICHERHEIT

Jede Falle ist so sicher, wie der Benutzer damit umgeht. Eine intensive Schulung in der Handhabung von Totschlagfallen ist unbedingt notwendig. Wenn der Fallensteller nicht alle Handgriffe in sämtlichen Stellsituationen mit schlafwandlerischer Sicherheit beherrscht, ist der Umgang mit Eisen tatsächlich lebensgefährlich.

Das Spannen des Eisens muss mit schlafwandlerischer Sicherheit beherrscht werden. Also üben, üben, üben …

Weitere Vorkehrungen im Interesse der eigenen Sicherheit sind unverzichtbar, damit der Fänger im Unglücksfall nicht hilflos dasteht. Ich gehe nie zum Fallenstellen oder -kontrollieren ins Revier, ohne zu Hause zumindest eine Notiz zu hinterlassen und mitzuteilen, wohin genau ich gehe und wann ich zurück sein sollte. Zur genauen Ortsangabe ist wiederum die Revierkarte nützlich, auf der alle Fallenstandorte mit Nummer verzeichnet sind und die meine Frau und auch Jagdkollegen kennen. Manchem mag das ziemlich lästig vorkommen, mich jedoch haben verschiedene Unfallberichte davon überzeugt, dass der Nutzen solcher Maßnahmen den damit verbundenen unbedeutenden Aufwand gegebenenfalls hundertfach aufwiegt.

NIE OHNE HANDY UND SPANNER!

Auch in diesem Zusammenhang sollte sich jeder Fangjäger die Errungenschaften der Technik zunutze machen: Tragen Sie immer ein Handy bei sich! Es kann Ihr Leben oder zumindest Ihre Gesundheit retten! Die Unfallgefahren der Fallenjagd dürfen einfach nicht unterschätzt werden. Welche Schockwirkung eine zuschlagende Falle hat, habe auch ich schon erfahren müssen, als ich einmal nach Filmaufnahmen vor lauter Freude über deren Gelingen „schlief": Ein 36er-Eisen sprang mir versehentlich in die Hand. Obwohl es sich dabei um ein ausrangiertes Uralteisen handelte, war die Wirkung einfach „umwerfend" …

Fangjagdlehrgänge zu besuchen, ist für ambitionierte Fallenjäger sinnvoll, ob nun ein Sachkundenachweis gefordert wird oder nicht.

Zu den Sicherheitsvorkehrungen gehört auch, niemals zu einem Eisen zu gehen, ohne den zum Entspannen und Stellen einer Falle notwendigen Spanner zur Hand zu haben.

PHYSIKALISCHE ANFORDERUNGEN

Streng zu beachten sind auch die gesetzlichen Vorgaben zu den physikalischen Eigenschaften von Fangeisen. Bei Fangbügelweiten von 37 cm (Mardereisen) müssen die Eisen über eine Mindestkraft von 150 Newton verfügen. Bei Bügelweiten von 56 cm (Schwanenhals) sind es bereits 200 Newton. Nur diese Mindestschlagkräfte gewährleisten den sofortigen Tod des gefangenen Wildes.

SACHKUNDENACHWEIS

Der Einsatz von Fallen ist dem Jäger nur möglich, wenn er, je nach Bundesland, die sogenannte Fallensachkunde vorweist. Das gilt auch für den Einsatz von Lebendfallen. In den Seminaren wird nachdrücklich darauf hingewiesen, die Regelungen der Länder unter allen Umständen zu beachten. Kommt es dennoch zum Einsatz verbotener Schlagfallen, droht in der Regel der Entzug des Jagdscheins. Und das zu Recht!

TIPP

Bislang existieren zwar keine qualifizierten Klemmkraftprüfer, die von einer Bundes-anstalt geprüft wurden, um die Sache nicht noch komplizierter zu machen, als sie ohnehin schon ist. Jeder Fallensteller kann sicher selbst gut beurteilen, ob ein Eisen in Ordnung ist oder nicht. Auf eine „examinierte" Richtlinie zur „Überprüfung von Eisen" zu warten, halte ich schlichtweg für unnötig.

UMGANG MIT DEM EISEN

Fangeisen zu spannen, ist bei Beachtung der notwendigen Grundregeln und Sicherheitsvorkehrungen – aber nur dann – fast leichter als das Stellen einer Mausefalle.

FUNKTIONSKONTROLLE

Erste Grundregel: Kontrollieren Sie jedes Eisen zuerst, bevor Sie sich daran zu schaffen machen! Nur wenn alles in Ordnung ist und reibungslos funktioniert, ist die notwendige Sicherheit gegeben.
Betrachten Sie Ihr Eisen genau. Die Sicherungen der Feder und der Bügel müssen leichtgängig sein. Wenn nötig, werden einige Tropfen Anisöl auf die Sicherungen geträufelt. Gleiches gilt für die Auslösemechanik. Der Teller muss so eingestellt sein, dass das Eisen schon bei geringer Zugkraft auslöst. Ist der Auslösemechanismus zu hart eingestellt, wird die Stellschraube nachgedreht.

Mit ausgeklappter Verlängerung erhöht sich die Hebelkraft des Spannhebels deutlich.

SPANNEN

Das Stellen der Eisen wird nur mit geeignetem, dafür vorgesehenem Zubehör vorgenommen. Totschlagfallen haben eine enorme Kraft, die es sicher zu bändigen gilt. Spannhebel gehören ebenso zur Grundausrüstung wie eine Stellgabel. Jeder Schritt des Umgangs mit den Eisen muss mehrfach geübt werden.
Sind alle beweglichen Teile kontrolliert worden, wird das Eisen zum Spannen der Feder in den Spanner gestellt. Zur Kontrolle der Federkraft stellen Sie sich mit einem Fuß auf die Feder. Gute Abzugeisen geben bei einem Körpergewicht von 100 kg nicht nach.

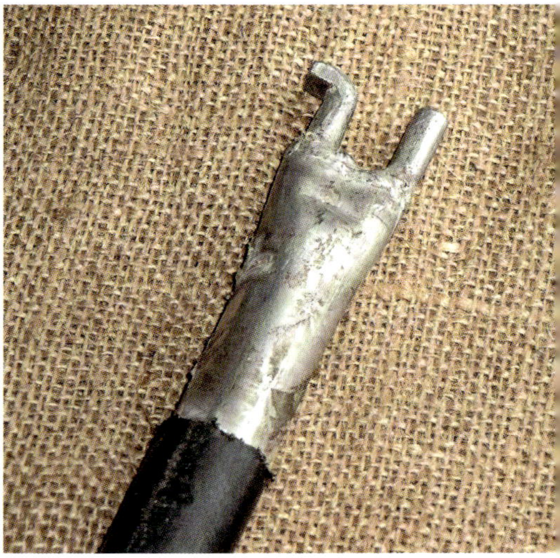

Ein schlichter Haken an der Stellgabel erleichtert deren Handhabung am Eisen.

Der Spannhebel wird mit dem ganzen Körpergewicht heruntergedrückt. Sichergestellt wird zuvor aber, dass sich unter der Feder weder Schmutz noch der kleinste andere Gegenstand befinden.

Der feste Bügel wird mit der Stellgabel heruntergedrückt, bis die Sicherung umgelegt werden kann.

Klemmkraftprüfer sind in der Regel im Handel erhältlich.

Der Spannhebel wird nun angesetzt, ein Fuß auf die rechte Hälfte der Eisenachse gestellt und mit dem anderen unter Einsatz des ganzen Körpergewichts der Spannhebel hinuntergedrückt. Wichtig: Peinlich genau muss kontrolliert werden, ob sich unter der Feder Schmutz, ein Steinchen oder irgendetwas anderes befindet. Alles muss zuvor beseitigt werden, denn schon der kleinste ggf. vorhandene Kiesel lässt die Feder brechen! Anschließend wird die Sicherung umgelegt, um die Feder zu fixieren. Beide Sicherungen sowie sämtliche beweglichen Teile eines Eisens müssen einwandfrei gängig sein. Ein Tropfen Öl schadet keiner Falle!

Um das Eisen weiter zu spannen, wird über den losen, dem Steller zugewandten Bügel und der Stellgabel der feste Bügel so weit nach unten gedrückt, bis die Sicherung auf dem Bügel liegt.
Ist die Sicherung fest, wird der Köder auf dem Köderteller festgebunden. Wie dessen Name schon sagt, eignen sich für das Eiabzugeisen mit einer Bügelweite von 36–37 cm Eier hervorragend als Köder.

THEORIE ALLEIN REICHT NICHT

Auch wenn das Spannen des Fangeisens der Vollständigkeit halber hier theoretisch beschrieben wird, damit die einzelnen Schritte im Zweifelsfall auch einmal nachgelesen werden können – bei einem so wichtigen und sicherheitsrelevanten Vorgang reicht die Theorie niemals aus! Wenn Sie vor Ausübung der Fangjagd nicht ohnehin einen Sachkundenachweis erwerben müssen, lassen Sie sich das Spannen des Fangeisens immer von einem erfahrenen Fangjäger an der Falle selbst zeigen! Und üben Sie dann in seinem Beisein so lange, bis Sie es im Schlaf beherrschen.

KEIN SPANNEN IM KNIEN!

Mitunter wird das Spannen von Eisen in kniender Haltung dargestellt. Das halte ich für falsch – allzu schnell gerät dabei die Federkraft des Eisens außer Kontrolle! Ich empfehle auf Seminaren daher, Eisen immer nur im Stehen und mit festem Schuhwerk zu stellen! Noch gefährlicher wird es, wenn zusätzlich zur falschen Haltung das Eisen auch noch auf einem nachgiebigen Untergrund wie z. B. einem unbefestigten Feldweg gespannt wird. Insbesondere beim großen 56er-Eisen, wenn es denn noch zum Einsatz kommt, darf das immer nur auf festem Untergrund wie z. B. einem rauen Pflasterboden geschehen!

AM FANGBUNKER

Mit dem vorgespannten Eisen wird dann der Weg zum Bunker angetreten, um es dort sicher einzubringen.
Getrocknete Lärchennadeln, Sägespäne oder Druschabfall lassen sich hervorragend als Blendmaterial im Inneren des Fangbunkers verwenden. Neben der peinlich genauen Einhaltung aller Sicherheitsvorschriften ist auch wichtig, dass der Standort von Fangeisen und -bunkern tadellos trocken bleibt. Fehlfunktionen durch Frost in Verbindung mit Feuchtigkeit sind nicht nur ärgerlich, sondern schaden zudem im Verlauf der Zeit dem Standort.

Vorbildlich konstruierter Marderbunker. Hier fehlt nur noch die Einstreu.

Hier wird jetzt das Eisen im Fangraum mit Einstreu verblendet.

FANGANLAGEN – MOBIL UND STATIONÄR

Dem Fangjäger bietet sich mit einer Reihe von Einrichtungen die Möglichkeit, die Effektivität installierter Fallen auf ein Höchstmaß zu steigern. Unter ihnen ist die Mäuseburg ist ein wahrer Erfolgsgarant.

Schlagfallen in Mäuseburgen oder weit größere Anlagen zu integrieren, steigert deren Erfolg, senkt zudem aber auch die Gefahr für Neugierige oder frei laufende Hunde.
In Hochwildrevieren kann mit solchen Einrichtungen überdies sichergestellt werden, dass Fallen oder Luder dem Zugriff anderer Wildarten – zu denken ist hier vor allem an Schwarzwild – sicher entzogen sind.

MARDERMAGNET AUS PALETTEN

Um Marder gezielt zu fangen und im Revier zu binden, ist die Anlage von Mäuseburgen ein effektives und vielfach erprobtes Mittel. Eine solche Einrichtung bietet Unterschlupf und speichert Wärme, sodass sie Mäuse wie magisch anzieht. Getreide, als Futtermittel für die Kleinnager eingestreut, verstärkt den gewünschten Effekt.
Ich baue mobile Mäuseburgen aus ausgedienten Paletten im Laufe des Winters des Öfteren mit Jungjägerkursteilnehmern. Integriert wird in der Regel ein Eiabzugeisen. Nebeneffekt: Die Jagdscheinaspiranten werden im Umgang mit Hammer und Nagel sowie in der für viele meist doch ungewohnten Handhabung der Kettensäge geübt.
Wie sich eine solche Mäuseburg mit vertretbarem zeitlichem und finanziellem Aufwand konstruieren lässt, ist im bereits erwähnten Extra „Bau einer Mäuseburg“ (S. 160 ff.) ausführlicher dargestellt. Auch die dort gezeigte Palettenburg entstand unter Mitarbeit von Jagdkursteilnehmern.
Der unscheinbar wirkende Palettenaufbau hat es in sich. Ist er einmal von Mäusen bewohnt, nehmen diese Reviereinrichtung nicht nur die Raubwildarten, sondern auch Nachtgreife gerne an.

MOBIL HAT SICH BEWÄHRT

Neben den bekannten stationären Mäuseburgen aus Strohballen haben sich nach meiner Erfahrung vor allem solche mobilen – und mit einer Falle bestückten – Mäuseburgen aus Paletten bewährt. Bei Bedarf können sie mit dem Auto und einem Anhänger kurzfristig von Einsatzort zu Einsatzort umgestellt werden.

MÄUSEBURGEN UND ARTENFÖRDERUNG

Gelegentlich wird gefragt, ob es gerechtfertigt sei, aufwendige und auffällige Konstruktionen zu bauen, die nur dem Fang von Marder oder Iltis dienen. Eine Antwort erübrigt sich meines Erachtens spätestens, wenn man sich manchen Hochsitz anschaut, der fast einem Eigenheim gleicht. Haben solche „Ansitzhäuser" denn wirklich einen so viel höheren Nutzen als eine Mäuseburg? Immerhin dient Letztere nicht nur über den Prädatorenfang dem nachhaltigen Natur- und Artenschutz. Sie lockt Marder und Fuchs an, stellt mit den Mäusen aber auch unmittelbar der nächtlichen „Luftwaffe", den Eulen, eine wichtige Nahrungsquelle zur Verfügung und das vor allem auch in der Winterzeit. Um diesen Effekt zu verstärken, stelle ich das Mäusefutter in einigen Metern Entfernung zur Mäuseburg in einem Eimer auf. Die Nager müssen dann den sicheren Unterschlupf verlassen, um ans Getreide zu gelangen.

Wie sich eine solche Mäuseburg mit vertretbarem zeitlichem und finanziellem Aufwand konstruieren lässt, ist im bereits erwähnten Extra „Bau einer Mäuseburg" (S. 160 ff.) ausführlicher dargestellt.

WÄRMEDÄMMUNG IST WICHTIG

Damit sich Mäuse in einer Mäuseburg wohlfühlen, die Einrichtung also ihren Zweck erfüllt, ist neben Deckung ausreichende Wärme darin wichtig. Eine entsprechende Dämmung muss also gewährleistet sein
Der Sommer ist der richtige Zeitpunkt, um Mäuseburgen erstmals ins Revier zu bringen. In dieser Jahreszeit lösen sich die Jungmarder mehr und mehr von den Familienverbänden, sodass die Wahrscheinlichkeit der Annahme der Burgen durch vor allem Stein- und Baummarder sehr hoch ist.

Von Mäuseburgen profitieren auch unsere Eulen.

BEWEGUNG GARANTIERT

Meine Erfahrungen mit solchen Mäuseburgen sind durchweg gut. Sie versorgen Eulen und Taggreife und erlauben zugleich den Fang von Marder oder Iltis. Die Vielzahl der Mäuse garantiert einiges an „Bewegung" im Umfeld der Burgen. In ihre Nähe gehört daher auch eine Ansitzeinrichtung. Dann kann auch der Fuchs fallen.

MIT DER FLINTE ZUR MÄUSEBURG

Neben dem Falleneinsatz bietet die Mäuseburg auch die Chance, Wintermarder auszuklopfen. Wegen der guten Isolierung ruht der Marder tagsüber dort gern. Es ist also nicht unbedingt notwendig, ihn mit Eiern anzukirren. Auch mit einem guten Bauhund ist dem Marder dann gut mit der Flinte beizukommen. Aber bitte nicht vorbeischießen! Ein ausreichendes Schussfeld muss gegebenenfalls bei der Wahl des Standorts für die Burg sichergestellt werden. Gute Standorte sind Feldüberschneidungen, niedrige Hecken oder Viehweiden.

FANGZWINGER

Zu den eigentlichen Fang-„Anlagen" zählen klassischerweise alle Systeme, bei denen in großräumig umbauten und nach außen gesicherten Bereichen Fallen aufgestellt werden. Eine der wohl bekanntesten ist der Fangzwinger.

Der Fangzwinger ist eine in sich geschlossene Voliere oder ein Drahtverschlag von etwa zwei mal zwei Metern Grundfläche und einer Höhe von ca. 1,40 m. Er ist nicht besonders häufig anzutreffen, da sein Bau die handwerklichen Fähigkeiten des Ungeübten doch ein wenig überfordert und überdies kostspielig ist. Damit die darin aufgestellten Fallen dem Zugriff Unbefugter entzogen sind, wird der Fangzwinger aus sehr stabilem Draht gebaut. Ein Warnschild ist trotzdem auch hier Pflicht.

IDEAL IN SCHWARZWILDREICHEN REVIEREN

Fangzwinger werden vor allem in schwarzwildreichen Hochwildrevieren eingesetzt. Die Anlage verhindert, dass Sauen an die Fallen gelangen oder ein Luder aufnehmen. Um hier ganz auf Nummer sicher zu gehen, werden Fangzwinger in schwarzwildreichen Revieren im Bodenbereich oft zusätzlich mit tief eingegrabenen Baustahlmatten verstärkt, die jeden Eindringversuch der Schwarzkittel scheitern lassen.

TIPP

Dass das früher übliche freie Aufstellen von Fangeisen heute ein Unding wäre, sollte selbstverständlich sein: Noch nie war die Frequentierung unserer Reviere durch Erholungssuchende so stark wie heute. Und jede „interessante Einrichtung" wird nun einmal untersucht und angefasst!

VIELFÄLTIGE EINSATZMÖGLICHKEITEN

Der Fangzwinger kann vielfältig zur Raubwildbejagung genutzt werden. Bewährt hat es sich, in den Einlauf eine Kastenfalle zu integrieren und/oder die Anlage mit einem Fangbunker zu bestücken. Die Dimensionierung des Einlaufs gestattet ebenso einen selektiven Fang bestimmter Arten wie der Fangbunker. Das Herzstück einer solchen Anlage bilden in der Regel eine stationäre Mäuseburg und eine Ludermöglichkeit. Das bedeutet natürlich, dass in die Nähe des Fangzwingers auch eine Ansitzmöglichkeit gehört.

ABGELEGENER STANDORT

Ein Fangzwinger fällt optisch auf und weckt Neugierde. Deshalb wählen wir als Standort einen Platz im Revier, an dem nur selten mit Spaziergängern zu rechnen ist. Um Luder in die Anlage einbringen und die Fallen kontrollieren sowie warten zu können, muss der Fangzwinger natürlich über eine Tür verfügen. Dass diese fest verschließbar sein muss, bedarf wohl eigentlich keiner Erwähnung. Sollte jemand trotzdem gewaltsam in die Anlage eindringen, ist es erforderlich, dass die Totschlagfallen automatisch auslösen. Seiten und Front des auf den Fotos S. 153 gezeigten Fangzwingers bestehen aus stabi-

Front und Seitenwände aus robustem Drahtgeflecht – das Grundgerüst eines Fangzwingers

Waschbetonplatten sorgen für einen stabilen Stand des Abzugeisens.

Mit ca. 30 cm Breite und 25 cm Höhe ist der Einschlupf in den Zwinger groß genug.

Ratten können den Auslöser in ca. 18 cm Höhe nicht aktivieren. Der Köder wird stets erneuert.

Nach einigen Jahren steht der Fangzwinger immer noch, teilweise eingewachsen und immer noch ohne Fehlauslösung.

Der fertiggestellte Fangzwinger ist mit Stroh eingerichtet.

lem Drahtgeflecht, die Rückwand wurde aus Holz gefertigt. Außerdem wurde die gesamte Anlage mit einem stabilen, wasserdichten Dach versehen.

FANGANLAGEN ALLGEMEIN

Außer dem Fangzwinger verstehe ich unter dem Begriff Fanganlage alle Einrichtungen, bei denen vorhandene, abgeschlossene Räume zu Fallen umfunktioniert werden. Solch ein Raum kann beispielsweise ein ausgedienter Hühnerstall auf einem Gehöft sein, eine nicht mehr benötigte Hundehütte oder eben auch eigens gebaut werden.
Fanganlagen können sowohl mit einem Eiabzugeisen bestückt als auch für den Lebendfang eingesetzt werden, wie es im zeichnerisch dargestellten Beispiel unten der Fall ist. Diese Anlage, die als dauerhafte Reviereinrichtung eingebaut wurde, ist mit einem Fangschieber versehen. Der Schieber wird durch die Berührung eines Stolperdrahts hinter der Einlassöffnung über eine Mausefalle ausgelöst. Das Auslöseverfahren entspricht dabei dem der WeKa-Kastenfalle (s. S. 92 u. 94): Wieder ist ein Ring über eine Schnur mit dem Schieber verbunden, der beim Auslösen der Mausefalle abgeworfen wird, sodass der Schieber fällt.
Über die Tür in der Rückwand wird die Fangeinrichtung bedient. Die Fanganlage wird regelmäßig mit Stroh nachgefüllt, die eingebrachten Köder (Eier) werden im Bodenbereich platziert. Auch für den Einsatz von Totschlagfallen sind in einer solchen Anlage alle Voraussetzungen gegeben. In diesem Fall bedarf es natürlich keines Fangschiebers.
Den Fuchs in Fanganlagen mit dem Schwanenhals zu fangen, bedeutet jedoch einen erheblichen Aufwand. Mit Standzeiten von mehreren Jahren bis zum ersten Fangerfolg ist zu rechnen. Wer es dennoch versuchen will, muss darauf achten, dass der lose Bügel des Schwanenhalses in Richtung des Einlaufes ausgerichtet ist. Das Wild muss bei Fangeisen immer über den losen Bügel an den Köder gelangen!

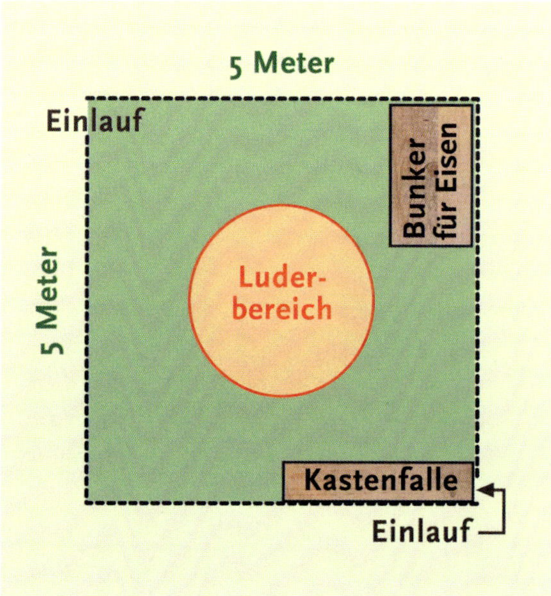

Schema Fanganlage (Aufsicht). Integriert sind eine Luderstelle, eine Kastenfalle und ein Fangbunker mit Abzugeisen.

ENTNAHMEKORB EMPFOHLEN

Für die Entnahme des Raubwilds aus einer Fanganlage wie der links schematisch gezeigten empfiehlt sich ein Entnahmekorb, da es ohne diesen nicht einfach ist, den Marder aus dem großen Fangbereich zu bekommen. Ein gezielter Fangschuss ist allerdings auch meist möglich, weil sich das Raubwild in dieser Falle so ruhig verhält, dass es mich selbst auch immer wieder verwundert. Ich führe das auf das große Volumen der Fanganlage zurück.
Die Fangerfolge zeigen ebenso wie die im Winter rund um die Fanganlage festzustellenden Spurbilder, dass der Standort regelmäßig gut angenommen wird. Ähnlich der Mäuseburg wird der mit Stroh gefüllte Raum intensiv von Mäusen angenommen und bewohnt, was die Anlage neben den Ködern zusätzlich für das Raubwild attraktiv macht.

FANGBUNKER

Unter dem Begriff Fangbunker werden im Grunde alle kleinräumigen Vorrichtungen verstanden, die dem sicheren Einbau von Totschlagfallen dienen. Bei einer weiteren Auslegung dieses Begriffs können auch großräumige Fanganlagen und in gewisser Hinsicht auch die mobile Mäuseburg mit integriertem Eisen zu den Fangbunkern gerechnet werden.

Fangbunker tragen der Forderung des Gesetzgebers nach einem für Mensch und Tier gefahrlosen Einsatz von sofort tötenden Fallen Rechnung. Sie minimieren das Risiko der Fallen für Menschen und andere als die zu fangenden Tierarten und ermöglichen überdies einen selektiven Fang bestimmter Arten durch eine entsprechende Dimensionierung des Bunkereinlaufs.
Fangbunker können spiralförmig gebaut sein oder als „Fangkisten" konstruiert werden. Sollen solche Fangbunker nicht nur die Falle trocken halten, sondern tatsächlich auch zu Fangerfolg führen, darf in ihnen kein „stickiges Klima" herrschen. Die Luft muss also zirkulieren können, damit die Köderwitterung aus der Falle nach außen getragen wird und Marder und sonstiges Raubwild zum Fangplatz lockt.

FANGKISTE FÜR MARDEREISEN

Für den Einbau kleinerer Mardereisen mit Bügelweite 36 bietet sich eine Fangkiste als Marderbunker an. Sie ist recht einfach gehalten und leicht zu bauen. Insbesondere zur „Schädlingsbekämpfung" in bebauten Gebieten ist dieser Fangbunker ideal. An den Einlauf mit etwa 8 cm Durchmesser für den Marder schließt sich der Eingangsbereich an, der durch eine Zwischenwand mit versetztem Durchlass vom eigentlichen Fangbereich abgetrennt wird. Diese Zwischenwand verhindert, dass Neugierige mit der Hand durch den Einlass bis zur Falle hindurchgreifen können.
Bohrungen in der dem Einlass gegenüberliegenden Kistenwand gewährleisten die notwendige Luftzirkulation. Sie sind durch ein Gitter gesichert, sodass der Marder nur durch den vorgesehenen Einlass Zutritt in die Fangkiste findet. Der Kistendeckel wird mit einem stabilen Vorhängeschloss abgeschlossen. Gegen ein Auslösen des Eisens bei unbefugtem Aufbrechen der Fangkiste wird die Anlage trotzdem in geeigneter Weise gesichert.

TIPP

Finden Sie in der Gewöhnungsphase Fraßreste in der Fangkiste, ist das ein deutlicher Hinweis darauf, dass nicht der Marder, sondern Igel, Großes Wiesel oder Ratten am Werk waren. Marder nehmen die Eier stets mit und verstecken sie an einem sicheren Standort. Eine Umstellung auf Backobst kann jetzt erfolgreich sein.

Eiabzugeisen im Fangbunker. Der Bunker wurde wie ein Holzpolter gestaltet.

Abzugeisen in der Fangkiste. Das Wild kann nur über den losen Bügel an den Köder gelangen.

AUFSTELLEN

Folgende Grundsätze sind bei der Aufstellung einer Fangkiste zu beachten: Insbesondere in Haus- und Hofnähe wird sie so platziert, dass Dritte sie nicht erreichen können. Zumindest auf dem eigenen Grund und Boden ist das in der Regel nicht so schwer. Aufgestellt wird die Fangkiste bereits im Juli bis August, sodass genügend Zeit für die Gewöhnung des Marders bleibt. Schon beim Aufstellen wird ein Ei in den Eingangsbereich der Kiste gelegt, und zwar immer quer zur Laufrichtung des Marders. Das verhindert, dass sich der Marder im Bunker auf dem Eiabzugeisen dreht und es zum Fehlfang kommt. Auch hier muss der Marder über den losen Bügel an den Köder gelangen!

EINSTREU

Steht der Fangbunker mit Falle am richtigen Ort, wird das Eisen mit Einstreumaterial vollständig bedeckt, bis nur der Köderteller gerade noch zu erkennen ist. Als Eintsreumaterial eignen sich Hobelspäne aus der Tischlerei, Hamsterstreu aus dem Baumarkt, Lärchennadeln, Druschabfall u. Ä.
Hier noch ein wichtiger Hinweis: Beim Einlegen von Ködereiern muss die Einstreu immer gründlich „aufgerührt" werden. Vernachlässigen Sie das, besteht beim späteren Einsatz des fängisch gestellten Eiabzugeisens die Gefahr, dass die dabei zwangsläufige und dann ungewohnte Durchmischung des Materials den Marder verschreckt und er die Kiste nicht mehr annimmt.

ES WIRD ERNST

Werden die Eier in regelmäßigen Abständen genommen, kann die Anlage ab November fängisch gestellt werden. Haben Sie die Fangkiste auf dem eigenen Grund und Boden aufgestellt und bringen Sie dann noch etwas Geduld auf, können Sie fast darauf wetten, dass Ihr Garten zum ersten Fangplatz der Fangsaison wird!

DAUERHAFTE BUNKER

Fachgerecht und am richtigen Standort im Revier installierte Bunker fangen nachhaltig und erzielen über Jahre hinweg gleichmäßig große Erfolge. Ausschlaggebend ist dafür natürlich weniger der Bunker als der Standort, dem der Fangjäger, hat er ihn einmal entdeckt, eine lange „Lebenszeit" einräumen muss. Hier lohnt sich dann auch ein aufwendigerer Fangbunker aus zum Beispiel Zement und Steinen mit einem über Scharniere verbundenen Deckel oder auch ein Betonfangbunker aus dem Handel. Letzterer ist in der Regel so beschaffen, dass ein „Einbau für die Ewigkeit" garantiert ist.
Die Höhe solcher Bunker ist entscheidend für die Bedienbarkeit der darin installierten Eisen. Sie sollte nicht mehr als 50 cm betragen, da die Bedienung des Eisens sonst zu riskant wird.

WUNDER GIBT ES NICHT

Um allzu hoch geschraubte Erwartungen jedoch von vornherein etwas zu dämpfen und Enttäuschungen vorzubeugen: Ich habe noch nie von einem Fangjäger gehört, der an einem Standort mehr als drei Steinmarder pro Saison gefangen hat. Die Praxis lehrt außerdem, dass in aller Regel wesentlich mehr Marderrüden als -fähen gefangen werden. Beide Tatsachen hängen wohl stark mit dem ausgeprägten Territorialverhalten dieser Art zusammen.

FANGBUNKER FÜR 46ER-EISEN

Das 46er-Fangeisen hat vor allem für den Fang der Nutria große Bedeutung. Nutrias lassen sich nicht nur in Kunststoffrohrfallen (s. S. 31 ff.), sondern relativ einfach auch in Bunkern fangen, in denen mit Mais oder Äpfeln gekirrt wird. Die Bunker sind in Gewässernähe aufzustellen.

Ein großes Nutria-Eisen braucht einen entsprechend dimensionierten Fangbunker.

TIPP

Den Umgang mit dem 46er-Fangeisen muss jeder Nutriafänger aus dem Effeff beherrschen. Das Einbringen dieser großen Eisen, das Verschließen der entsprechend geräumig dimensionierten Fangbunker und die Entnahme gefangener Nutrias ist nämlich nicht jedermanns Sache. Wer damit dauerhaft Probleme hat, sollte sich überlegen, für den Fang des Sumpfbibers auf eine Alternative zur Totschlagfalle zurückzugreifen. Die bietet sich mit den im Buch für den invasiven Nager beschriebenen Lebendfangfallen an.

Betonfangbunker aus dem Handel lohnen sich an über Jahre erfolgreichen Fangplätzen.

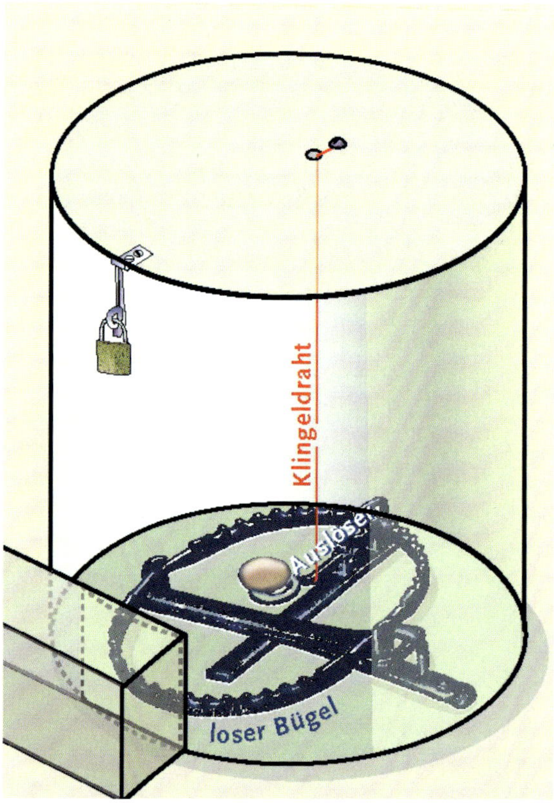

Prinzip „Klingeldraht"-Notauslösung: Bei gewaltsamem Öffnen des Bunkers löst das Eisen sofort aus, ehe etwas passiert.

HANDELSWARE ODER SELBST GEBAUT

Hierfür können vorgefertigte Bunker aus dem Fachhandel eingesetzt oder Fangröhren (25er-Betonröhren) in Verbindung mit aufgemauerten Resten von Waschbetonplatten verwendet werden. Wichtig ist, darauf zu achten, dass sich die Nutria im Bunker nicht drehen kann. Da dieser Nager wie alle seine Verwandten den Köder mit den Vorderpfoten greift, ist sorgsam auf die Köderbefestigung zu achten. Bunker für 46er-Eisen werden mit einem oder zwei Eingängen versehen, im letzteren Fall fängt das Eisen über die Achse. Der Durchmesser des selektierenden Einlaufs sollte zehn bis zwölf Zentimeter nicht überschreiten. Um Unfälle und unberechtigten Zugriff zu vermeiden, werden Sicherungslängen von 70 bis 100 cm zur Falle vorgesehen.

Das Prinzip der Notauslösung durch den „Klingeldraht": Wird der Bunker gewaltsam geöffnet, löst das Eisen sofort aus, ehe etwas passiert.

Geködert wird zu Anfang der Kirrungsphase im vorderen Bereich der Rohre.

Wie bei allen Bunkern mit Totschlagfallen muss dafür gesorgt werden, dass die Eisen bei unberechtigtem Öffnen des Bunkers schließen. Dafür sorgt eine Sicherungsschnur.

FUCHSFANG IM BUNKER

Die Erfahrungen von Berufsjägern und anderen versierten Fallenstellern mit dem Fang des Fuchses im 56er-Schwanenhals im Bunker sind mehr als niederschmetternd. Es gehört eine ganz gehörige Portion Zeit und Geduld dazu, den Roten Freibeuter in den Fangbunker zu bekommen. Wesentlich erfolgreicher war früher der Schwanenhals, der frei auf dem Acker gestellt wurde. Dass diese Methode heute aus Sicherheitsgründen streng verboten ist, dürfte hoffentlich allen Fangjägern bewusst und verständlich sein.

Unsere Landschaften werden immer intensiver von Erholungssuchenden genutzt. Dass Fangeisen nicht mehr frei aufgestellt werden dürfen, sollte jedem Jäger einleuchten.

BAU EINER MÄUSEBURG

Mit etwas Geschick, Sachkenntnis und entsprechendem handwerklichen Rüstzeug lassen sich ausgediente Paletten leicht zu einer Mäuseburg inklusive integrierter Falle, also einer regelrechten „Fanganlage" verarbeiten.

Das Grundbaumaterial für diese Einrichtung ist leicht zu bekommen, denn für ausrangierte Paletten besteht in der Regel keine Verwendung mehr. Sie werden in aller Regel schlicht und einfach verbrannt.
Grundlage für den Bau sind circa 15 gut erhaltene Paletten in den Abmessungen 100 × 120 cm, besser 120 × 140 cm. Circa acht Paletten werden übereinandergestapelt. Die untere Palette muss als Fundament der Mäuseburg die gesamte Anlage tragen und daher in noch möglichst gutem Zustand sein.
In die nächsten vier Paletten wird nun jeweils ein Loch von ca. 15 × 20 cm gesägt, und zwar so versetzt, dass nach dem Aufeinanderstapeln der Paletten eine innen liegende Treppe entsteht. Der Marder kann nun von Stufe zu Stufe in den Fangbereich der Anlage gelangen. Beim Verschrauben der Paletten ist sorgsam darauf zu achten, dass die Treppe dann auch frei bleibt und dem Marder nicht durch Überlappungen der Weg in den Fangbereich versperrt wird.
Aus der fünften bis achten Palette wird nun mittig ein Kreis von 50 cm Durchmesser ausgesägt, sodass ein runder Schacht entsteht. Er bildet den Fangbunker. Ein Teil des ausgesägten Holzes wird so auf die fünfte Palet-

Materialbedarf Mäuseburg

- ☐ 15 Paletten (gleiche Größe)
- ☐ ca. 8 m² Schallatten (20 mm)
- ☐ 2 Kastenscharniere
- ☐ Verschlusssystem
- ☐ Kleinteile (Schrauben, Nägel usw.)

01

02

03

01 *Schemazeichnung der mobilen Mäuseburg mit Fangschacht und darin integriertem Abzugeisen*

02 *Ein Kreis zum Aussägen des Fangkörpers wird auf der Palette angezeichnet.*

03 *Mit der elektrischen Kettensäge wird sorgfältig von Palette zu Palette gesägt.*

Der fertige Fangkörper für das Eiabzugeisen

te geschraubt, dass später ein sicherer Halt für das Eiabzugeisen gegeben ist. Die Seiten des Schachtes werden rundherum mit Holzbrettern verschalt, die oben bündig abgesägt werden. Eines der Schalbretter wird so zugesägt, dass eine Einlaufmöglichkeit in den Fangbunker von acht auf acht Zentimeter entsteht. Nur Steinmarder, Baummarder oder Iltis können durch diese Lochweite an den Köder in der im Bunker deponierten Falle gelangen.

Beim späteren Einbringen des Eiabzugeisens muss auf dessen Ausrichtung geachtet werden. Der lose Bügel des Eisens muss zur Einlauföffnung zeigen.

Vor Montage der Außenwände werden die Palettenzwischenräume mit Heu und Stroh verfüllt, damit die Mäuse reichlich Deckung und Wärme finden. Die Seitenverschalung und den Deckel für die Mäuseburg fertigen wir nun aus den verbliebenen Paletten. Die Seitenwandbretter werden in Blockschalung,

Die Mäuseburg ist jetzt einseitig bereits geschlossen.

Alle Paletten werden verschraubt

Die werdende Mäuseburg wird mit Heu und Futter verfüllt.

also überlappend, auf die Konstruktion aufgeschraubt.
Die komplette Verkleidung muss möglichst dicht sein, damit genügend Wärme gespeichert werden kann, dann brauchen wir innen keine Teichfolie oder eine ähnliche Abdichtung. Mais und sonstiges Getreide kann nach Anheben des Deckels jederzeit auf der obersten Palette ausgebracht werden.
Der Deckel wird über Kastenscharniere an der Burg fixiert und justiert. An seiner Unterseite befestigen wir mittels Scharnier ein Holzbrett, mit dem wir ihn in geöffnetem Zustand abstützen, um mit beiden Händen an der Anlage arbeiten zu können. Der Deckel muss verschließbar sein und ist in unserer Abwesenheit während der Bauphase auch immer verschlossen, um der Verkehrssicherungspflicht zu genügen. Ein sogenannter Klingeldraht, der die Falle bei Missbrauch vorzeitig auslösen lässt, darf natürlich ebenfalls nicht fehlen (siehe S. 158).
Selbstverständlich wird die Anlage noch mit einem Schutzanstrich versehen, denn sie soll ja nicht in kürzester Zeit in sich zusammenfallen. Dennoch ist Trockenheit für den Aufstellort oberstes Gebot.
Der Zeitbedarf für den Bau dieser Mäuseburg lag bei etwa drei Stunden, der Materialaufwand ohne Palettenkosten ist gering.

Von den Kleinnagern angenommen, lockt die Mäuseburg das ganze Jahr hindurch Raubwild an. Mäuse brauchen aber Futter und Wasser!

ZUM SCHLUSS

Invasive Arten mit Fallen zu bejagen, ist in einigen Bundesländern ganzjährig möglich – und auch zwingend notwendig! Grundsätzlich steht auch bei diesen Arten wie bei allem Raubwild der Einsatz tierschutzgerechter, abgedunkelter Lebendfallen außer Frage. Zielführend ist vor allem, dass in diesen Ländern über 365 Tage im Jahr gefangen werden darf. Ohne den nachhaltigen Eingriff durch die Fallenjagd wären z. B. die verschiedenen deutschen Deichverbände mit dem Küstenschutz schlichtweg überfordert. Der Einsatz der Jäger in diesen Gebieten erspart den Besitzern zudem Millionensummen bei der Instandhaltung der Deiche. Ein Beispiel – siehe dazu auch Spezial „Das Barßeler Modell" (s. S. 30 ff.) – dafür, dass ohne den Einsatz von Fallen die Verhinderung erheblicher Schäden oftmals nicht möglich ist.
Ein Anderes: Wird in den Naturschutzgebieten Prädatorenbejagung mit Fallen nachhaltig gefördert, stellt sich in Kürze Erfolg für die gefährdeten Beutearten ein. Das belegt z. B. das Modellprojekt „Prädatorenmanagement in der Dümmerniederung" im Rahmen des „Prädatorenmanagement als (neue) Säule des Wiesenvogelschutzes in Niedersachsen", das von der Natur- und Umweltschutzvereinigung Dümmer e. V. mitgetragen wird. In der Dümmerniederung ist seit Beginn des Projekts die Zahl an Kiebitz-Küken, die aus diesem Gebiet gemeldet werden, erfreulich gestiegen. Dieses Beispiel zeigt aber auch, dass durch intensive Prädatorenbejagung ein weiteres Problem entstehen kann. Hunderte von ursprünglich ausgesetzten Graugänsen profitieren bei der Aufzucht ihrer Jungen von den raubwildfreien Brutgebieten: Die Landwirte erleiden erhebliche Einbußen durch fehlendes Weidegras für ihr Vieh.
Effiziente und tierschutzgerechte Fallenjagd allein reicht natürlich nicht aus, um die grundsätzlichen Probleme des Artenschwundes zu lösen. Und es können sogar, wie gerade ausgeführt, sogar neue Probleme entstehen, die dann wieder von den Ideologen anderer Interessensverbände vor ihren Karren gespannt werden.
Wenn Sachverhalte eindeutig wissenschaftlich belegt sind oder bei Jagdgegnern Widersprüche zwischen Argumentation und Handeln ohne große Bauchschmerzen hingenommen werden, muss die Jagd reagieren. Kritisiert z. B. der NABU einerseits die Fallenjagd und fördert andererseits den Wildtierfang in Schutzgebieten, irritiert dies schon. Genauso wie die Tatsache, dass Tierschutzvereine oder selbst ernannte Tierschützer entlaufene Katzen tierschutzwidrig mit preiswerten Drahtfallen fangen. Setzt der Jäger Drahtfallen zum Fang von Wirbeltieren ein, droht ihm der Jagdscheinentzug. Viele selbst ernannte Tierschützer akzeptieren das qualifizierte Handwerk der Jagd nicht, besitzen aber selbst herzlich wenig fachliche Qualifikation. Das Instrument der effizienten und sauber ausgeführten Fangjagd kann natürliche Ressourcen schützen und Wildbestände sichern. Das aber nur dann, wenn bei allen beteiligten Gruppierungen wirklich die Bereitschaft besteht, an einem Strang zu ziehen.

SERVICE

FANGJAGDARBEITEN IM JAHRESLAUF

Nachstehende Tabelle soll dem Fangjäger eine Orientierung über die im Jahresverlauf anfallenden Tätigkeiten geben. Kein Lehrbuch allein kann Sie zum perfekten Fangjäger machen, doch Praxiserfahrungen können durchaus nützlich sein.

☞ DER FANGJAGDKALENDER

JULI	Beginn aller Fangjagdvorbereitungen: — Einarbeiten der Fallenpässe, Aufstellen von Lebendfallen für stationären Einsatz — Fangbunkerkontrolle und -reinigung, Kunstbaukontrolle — Beginn der ersten Ankirrphase
AUGUST	— Erste Erfolge auf Jungdachse mit der Lebendfalle — Kirren im Revier
SEPTEMBER	Häufig
OKTOBER	— Fegen der Fallenpässe — Vorbereiten der Kastenfallen — Vorbereiten der Rohrfallen — Spurbahnen anlegen — Luderplätze beschicken
NOVEMBER	Steinmardermonat: — Spätestens ab dem 20. Fängigstellen der ersten Abzugeisen — Beschicken der Luderplätze
DEZEMBER	— Beginn der Fuchsranz: Rohrfallen fängig stellen
JANUAR	Verstärkte Kunstbau- und Naturbaukontrolle — Beginn der Iltisranz: gezielte Bejagung des Iltis
FEBRUAR	— Kontrolle der Fuchsmutterbaue, scharfe Fuchsbejagung durch Baujagd — Gezielte Steinmarder- und Iltisbejagung in den letzten Tagen der Jagdzeit
MÄRZ	Die Fangjagdsaison ist zu Ende: — Fanganalyse durch Auswertung der Fangdaten — Abgabe der Fanglisten in der Jägerschaft
APRIL	— Fangaktivitäten lediglich im Rahmen des Jagdschutzes — Am Monatsende erste Kontrollen der Fuchsbauten
MAI	— Einsatz von Jungfuchsfallen an den Fuchsbauen — Jagdschutz mit Lebendfallen
JUNI	— Jungfüchse unternehmen erste Erkundungsstreifzüge: Lebendfallen in Erfolg versprechenden Revierteilen sporadisch fängig stellen

MUSTERENTWURF INFORMATION GRUNDEIGENTÜMER

Sehr geehrte/r Hausbesitzer/in,

Sie haben ein Problem mit einem Steinmarder/Waschbär als Untermieter in Ihrem Haus bzw. auf Ihrem Grundstück. Hier einige Tipps, was Sie bei Störungen durch diese Arten tun können:

1. Stellen Sie fest, wo der Schädling eindringt und wo er sich dauerhaft aufhält.

2. Eine installierte Wildkamera zeigt Ihnen, wer sich auf Ihrem Grundstück eingenistet hat.

3. Füttern Sie das Tier/die Tiere unter keinen Umständen aus falsch verstandener Tierliebe.

4. Verschließen Sie Katzen- und Hundefutterreste sorgfältig, belassen Sie keine Reste im Außenbereich.

5. Lassen Sie sich durch einen Dachdecker oder Zimmermann beraten, wie Ihr Haus sicher und ausreichend geschützt werden kann.

6. Sollten Sie die Möglichkeit haben, einen Standort für eine Lebendfalle zur Verfügung zu stellen, setzen Sie sich mit dem zuständigen Jäger zusammen.

7. Der Hegeringleiter vor Ort wird Ihnen einen Jäger empfehlen, der Ihnen mit dem Aufstellen einer Lebendfalle behilflich sein kann.

8. Gewährleisten Sie, dass zu jeder Zeit die Kontrolle und ein Entleeren der Fallen möglich sind.

Mit freundlichen Grüßen,

Max Mustermann

FANGJAGDBESTIMMUNGEN DER LÄNDER

BADEN-WÜRTTEMBERG

Totfang zulässig	Nein (Erlaubnisvorbehalt durch Untere Jagdbehörde)
Jagdschein berechtigt zur Fallenjagd	Ja
Sachkundelehrgang zusätzlich zum Jagdschein vorgeschrieben	Nein, optional (empfohlen)
Sachkundenachweis für Nichtjagdscheininhaber zur Ausübung der Fangjagd im befriedeten Bezirk erforderlich	Ja
Anzeige der Fangjagd im befriedeten Bezirk	Ja
Anzeige der Fangjagd im Revier	Nein
Technische Fallenprüfung oder Zulassung der Fallen	Ja
Fallenregistrierung	Lebend- und Totfanggerät
Legal zu fangende Wildarten im befriedeten Bezirk durch Grundstückseigentümer oder Nutzungsberechtigte	Fuchs, Wildkaninchen, Steinmarder und weitere Wildarten des Nutzungs- und Entwicklungsmanagement (Genehmigung durch UJB)
Tötung durch Grundstückseigentümer oder Nutzungsberechtigten	Ja (Sachkunde ist nach dem Tierschutzgesetz immer erforderlich)
Mindestanforderungen Eiabzugeisen	37 cm +/–10 %, 150 N
Mindestanforderung Kleiner Schwanenhals	46 cm +/–10 % , 175 N
Mindestanforderung Mittlerer Schwanenhals	56 cm +/–10 %, 200 N
Mindestanforderung Großer Schwanenhals	70 cm +/–10 %, 300 N
Zulässigkeit von Schlagfallen nach Conibear-Bauart	Nein
Kontrolle Lebend- und Totfang	2 mal (morgens und abends), wenn kein Fallenmelder verwendet wird
Abfangen über § 4 TierSchG näher definiert	Nein
Drahtgitterfallen	Nein, nur Draht an Kontrollöffnungen
Mindestmaße Kastenfallen in cm	> Fuchs: 130 × 25 × 25, < Fuchs: 100 × 15 × 15
Mindestmaße und -durchmesser Rohrfallen in cm	200 × 25 cm
Fang verwilderter Hauskatzen	Ja, Fundsache. Die Tötung ist damit nicht zulässig.
Krähenfang	Nein

Bauartbedingt mögliche Massenfänge (kein Krähenfang, bsp. bestimmte Rohrfallentypen, Jungfuchsfallen)	Ja
Zusätzliche Richtlinien des LJV, die über LJG und Durchführungsverordnung hinausgehen	Nein

BAYERN

Totfang zulässig	Ja
Jagdschein berechtigt zur Fallenjagd	Nein
Sachkundelehrgang zusätzlich zum Jagdschein vorgeschrieben	Ja
Sachkundenachweis für Nichtjagdscheininhaber zur Ausübung der Fangjagd im befriedeten Bezirk erforderlich	Ja
Anzeige der Fangjagd im befriedeten Bezirk	Ja
Anzeige der Fangjagd im Revier	nur Totfanggerät
Technische Fallenprüfung oder Zulassung der Fallen	Ja, Totfanggerät
Fallenregistrierung	Totfanggerät
Legal zu fangende Wildarten im befriedeten Bezirk durch Grundstückseigentümer oder Nutzungsberechtigte	K. A., aber ohnehin nur nach Genehmigung durch die Behörde zulässig
Tötung durch Grundstückseigentümer oder Nutzungsberechtigten	Ja, sofern von der erforderlichen Genehmigung umfasst (Sachkunde ist nach dem Tierschutzgesetz immer erforderlich)
Mindestanforderungen Eiabzugeisen	33–41 cm, 150 N
Mindestanforderung Kleiner Schwanenhals	41–51 cm, 175 N
Mindestanforderung Mittlerer Schwanenhals	51–66 cm, 200 N
Mindestanforderung Großer Schwanenhals	66–74 cm, 300 N
Zulässigkeit von Schlagfallen nach Conibear-Bauart	Nein
Kontrolle Lebend- und Totfang	Jungfuchsfallen alle 2 Stunden, Wieselwippbrettfallen 2 × täglich, sonstige Fallen 1 × täglich morgens
Abfangen über § 4 TierSchG näher definiert	Nein
Drahtgitterfallen (Ausnahme Jungfuchsfallen)	Nein, nur Draht an Kontrollöffnungen
Mindestmaße Kastenfallen in cm	> Fuchs: 130 × 25 × 25, < Fuchs: 100 × 15 × 15
Mindestmaße Wieselwipprettfallen (L × b × h × h)	50 × 8 × 8 × 13
Mindestmaße und -durchmesser Rohrfallen in cm	> Fuchs: 130 × 25, < Fuchs: 100 × 15
Jungfuchsfallen aus Drahtgeflecht	Ja
Katzen fang im Zuge des Jagdschutzes	Ja
Krähenfang	Nein
Bauartbedingt mögliche Mehrfachfänge (kein Krähenfang)	Ja, ausschließlich Eberswalder Jungfuchsfalle

Zusätzliche Richtlinien des LJV, die über LJG und Durchführungsverordnung hinausgehen	Ja

BERLIN

Totfang zulässig	Nein
Jagdschein berechtigt zur Fallenjagd	Nur Lebendfang mit Genehmigung der Jagdbehörde auf Antrag.
Sachkundelehrgang zusätzlich zum Jagdschein vorgeschrieben	Nur Lebendfang mit Genehmigung der Jagdbehörde auf Antrag.
Sachkundenachweis für Nichtjagdscheininhaber zur Ausübung der Fangjagd im befriedeten Bezirk erforderlich	Nur Lebendfang mit Genehmigung der Jagdbehörde auf Antrag.
Anzeige der Fangjagd im befriedeten Bezirk	Nur Lebendfang mit Genehmigung der Jagdbehörde auf Antrag.
Anzeige der Fangjagd im Revier	Nur Lebendfang mit Genehmigung der Jagdbehörde auf Antrag.
Technische Fallenprüfung oder Zulassung der Fallen	Nein
Fallenregistrierung	Nur Lebendfang mit Genehmigung der Jagdbehörde auf Antrag.
Legal zu fangende Wildarten im befriedeten Bezirk durch Grundstückseigentümer oder Nutzungsberechtigte	Nur Lebendfang mit Genehmigung der Jagdbehörde auf Antrag.
Tötung durch Grundstückseigentümer oder Nutzungsberechtigten	Nur Lebendfang mit Genehmigung der Jagdbehörde auf Antrag.
Mindestanforderungen Eiabzugeisen	nicht zulässig
Mindestanforderung Kleiner Schwanenhals	nicht zulässig
Mindestanforderung Mittlerer Schwanenhals	nicht zulässig
Mindestanforderung Großer Schwanenhals	nicht zulässig
Zulässigkeit von Schlagfallen nach Conibear-Bauart	Nein
Kontrolle Totfang	nicht zulässig
Abfangen über § 4 TierSchG näher definiert	Nein
Drahtgitterfallen (Ausnahme Jungfuchsfallen)	Nur Lebendfang mit Genehmigung der Jagdbehörde auf Antrag.
Mindestmaße Kastenfallen in cm	K. A.
Mindestmaße Wieselwipprettfallen (L × b × h × h)	K. A.
Mindestmaße und -durchmesser Rohrfallen in cm	K. A.
Kontrolle Lebendfang (außer Wieselwipprett, üblicherweise mittags und abends/alle 6 Std.)	K. A.
Jungfuchsfallen aus Drahtgeflecht	Nur Lebendfang mit Genehmigung der Jagdbehörde auf Antrag.
Katzen-/Hundefang im Zuge des Jagdschutzes	Nur Lebendfang mit Genehmigung der Jagdbehörde auf Antrag.

Krähenfang	Nein
Bauartbedingt mögliche Massenfänge (kein Krähenfang, bsp. bestimmte Rohrfallentypen, Jungfuchsfallen)	Nur Lebendfang mit Genehmigung der Jagdbehörde auf Antrag.
Zusätzliche Richtlinien des LJV, die über LJG und Durchführungsverordnung hinausgehen	Nein

BRANDENBURG

Totfang zulässig	Nein
Jagdschein berechtigt zur Fallenjagd	Ja
Sachkundelehrgang zusätzlich zum Jagdschein vorgeschrieben	Nein
Sachkundenachweis für Nichtjagdscheininhaber zur Ausübung der Fangjagd im befriedeten Bezirk erforderlich	Nein, nur mit gesonderter Genehmigung der Jagdbehörde auf Antrag
Anzeige der Fangjagd im befriedeten Bezirk	Ja
Anzeige der Fangjagd im Revier	Nein
Technische Fallenprüfung oder Zulassung der Fallen	Nein
Fallenregistrierung	Nein
Legal zu fangende Wildarten im befriedeten Bezirk durch Grundstückseigentümer oder Nutzungsberechtigte	K. A.
Tötung durch Grundstückseigentümer oder Nutzungsberechtigten	Nein, nur mit gesonderter Genehmigung der Jagdbehörde auf Antrag
Mindestanforderungen Eiabzugeisen	K. A.
Mindestanforderung Kleiner Schwanenhals	K. A.
Mindestanforderung Mittlerer Schwanenhals	K. A.
Mindestanforderung Großer Schwanenhals	K. A.
Zulässigkeit von Schlagfallen nach Conibear-Bauart	Ja
Kontrolle Totfang	K. A.
Abfangen über § 4 TierSchG näher definiert	Nein
Drahtgitterfallen (Ausnahme Jungfuchsfallen)	Ja
Mindestmaße Kastenfallen in cm	K. A.
Mindestmaße Wieselwipprettfallen (L × b × h × h)	K. A.
Mindestmaße und -durchmesser Rohrfallen in cm	K. A.
Kontrolle Lebendfang (außer Wieselwipprett, üblicherweise mittags und abends/alle 6 Std.)	K. A.
Jungfuchsfallen aus Drahtgeflecht	Ja
Katzen-/Hundefang im Zuge des Jagdschutzes	Ja, sofern außerhalb Schutzradius
Krähenfang	Nein

Bauartbedingt mögliche Massenfänge (kein Krähenfang, bsp. bestimmte Rohrfallentypen, Jungfuchsfallen)	Ja
Zusätzliche Richtlinien des LJV, die über LJG und Durchführungsverordnung hinausgehen	Nein

BREMEN

Totfang zulässig	Ja
Jagdschein berechtigt zur Fallenjagd	Ja
Sachkundelehrgang zusätzlich zum Jagdschein vorgeschrieben	Nein
Sachkundenachweis für Nichtjagdscheininhaber zur Ausübung der Fangjagd im befriedeten Bezirk erforderlich	Nein
Anzeige der Fangjagd im befriedeten Bezirk	Nein
Anzeige der Fangjagd im Revier	Nein
Technische Fallenprüfung oder Zulassung der Fallen	Nein
Fallenregistrierung	Nein
Legal zu fangende Wildarten im befriedeten Bezirk durch Grundstückseigentümer oder Nutzungsberechtigte	Wildkaninchen
Tötung durch Grundstückseigentümer oder Nutzungsberechtigten	Ja (Sachkunde ist nach dem Tierschutzgesetz immer erforderlich)
Mindestanforderungen Eiabzugeisen	K. A.
Mindestanforderung Kleiner Schwanenhals	K. A.
Mindestanforderung Mittlerer Schwanenhals	K. A.
Mindestanforderung Großer Schwanenhals	K. A.
Zulässigkeit von Schlagfallen nach Conibear-Bauart	Ja
Kontrolle Totfang	K. A.
Abfangen über § 4 TierSchG näher definiert	Nein
Drahtgitterfallen (Ausnahme Jungfuchsfallen)	Ja
Mindestmaße Kastenfallen in cm	K. A.
Mindestmaße Wieselwipprettfallen (L × b × h × h)	K. A.
Mindestmaße und -durchmesser Rohrfallen in cm	K. A.
Kontrolle Lebendfang (außer Wieselwipprett, üblicherweise mittags und abends/alle 6 Std.)	K. A.
Jungfuchsfallen aus Drahtgeflecht	Ja
Katzen-/Hundefang im Zuge des Jagdschutzes	Ja, sofern außerhalb Schutzradius
Krähenfang	Nein

Bauartbedingt mögliche Massenfänge (kein Krähenfang, bsp. bestimmte Rohrfallentypen, Jungfuchsfallen)	Ja
Zusätzliche Richtlinien des LJV, die über LJG und Durchführungsverordnung hinausgehen	Nein

HAMBURG

Totfang zulässig	Ja
Jagdschein berechtigt zur Fallenjagd	Ja
Sachkundelehrgang zusätzlich zum Jagdschein vorgeschrieben	Nein
Sachkundenachweis für Nichtjagdscheininhaber zur Ausübung der Fangjagd im befriedeten Bezirk erforderlich	Ja, Jagdschein
Anzeige der Fangjagd im befriedeten Bezirk	Nein
Anzeige der Fangjagd im Revier	Nein
Technische Fallenprüfung oder Zulassung der Fallen	Nein
Fallenregistrierung	Nein
Legal zu fangende Wildarten im befriedeten Bezirk durch Grundstückseigentümer oder Nutzungsberechtigte	Steinmarder und Wildkaninchen, darüber hinaus nur mit Genehmigung der Jagdbehörde.
Tötung durch Grundstückseigentümer oder Nutzungsberechtigten	Ja, sofern Jagdscheininhaber
Mindestanforderungen Eiabzugeisen	K. A.
Mindestanforderung Kleiner Schwanenhals	K. A.
Mindestanforderung Mittlerer Schwanenhals	K. A.
Mindestanforderung Großer Schwanenhals	K. A.
Zulässigkeit von Schlagfallen nach Conibear-Bauart	Ja
Kontrolle Totfang	K. A.
Abfangen über § 4 TierSchG näher definiert	Nein
Drahtgitterfallen (Ausnahme Jungfuchsfallen)	Ja
Mindestmaße Kastenfallen in cm	K. A.
Mindestmaße Wieselwipprettfallen (L × b × h × h)	K. A.
Mindestmaße und -durchmesser Rohrfallen in cm	K. A.
Kontrolle Lebendfang (außer Wieselwipprett, üblicherweise mittags und abends/alle 6 Std.)	K. A.
Jungfuchsfallen aus Drahtgeflecht	Ja
Katzen-/Hundefang im Zuge des Jagdschutzes	Ja, außerhalb des Schutzradius
Krähenfang	Nein

Bauartbedingt mögliche Massenfänge (kein Krähenfang, bsp. bestimmte Rohrfallentypen, Jungfuchsfallen)	Ja
Zusätzliche Richtlinien des LJV, die über LJG und Durchführungsverordnung hinausgehen	Nein

HESSEN

Totfang zulässig	Nein
Jagdschein berechtigt zur Fallenjagd	Nein
Sachkundelehrgang zusätzlich zum Jagdschein vorgeschrieben	Ja
Sachkundenachweis für Nichtjagdscheininhaber zur Ausübung der Fangjagd im befriedeten Bezirk erforderlich	Ja
Anzeige der Fangjagd im befriedeten Bezirk	Nein
Anzeige der Fangjagd im Revier	Nein
Technische Fallenprüfung oder Zulassung der Fallen	Nein
Fallenregistrierung	Nein
Legal zu fangende Wildarten im befriedeten Bezirk durch Grundstückseigentümer oder Nutzungsberechtigte	Beutegreifer gemäß § 30 HJagdV und Wildkaninchen
Tötung durch Grundstückseigentümer oder Nutzungsberechtigten	Ja (Sachkunde ist nach dem Tierschutzgesetz immer erforderlich. Lebend gefangenes Wild darf ausschließlich mit der Schusswaffe getötet werden)
Mindestanforderungen Eiabzugeisen	Nicht zulässig
Mindestanforderung Kleiner Schwanenhals	Nicht zulässig
Mindestanforderung Mittlerer Schwanenhals	Nicht zulässig
Mindestanforderung Großer Schwanenhals	Nicht zulässig
Zulässigkeit von Schlagfallen nach Conibear-Bauart	Nein
Kontrolle Fangeinrichtung	Elektronischer Fangmelder: Kontrolle mind. einmal täglich zwischen 5 und 9 Uhr; ohne Fangmelder: Kontrolle zweimal täglich, davon einmal innerhalb von 2 Stunden nach Sonnenaufgang
Abfangen über § 4 TierSchG näher definiert	nur Tötung mit Schusswaffe (auch mit Mündungsenergie <200J erlaubt (§ 23 Abs. I LJG)
Drahtgitterfallen	Ja (nur mit Sichtschutz für das gefangene Tier) s. VO
Mindestmaße Kastenfallen in cm	Dachs, Fuchs, Marderhund, Nutria, Waschbär: 130 × 25 × 25 cm; Marder, Wildkaninchen: 100 × 15 × 15 cm

Mindestmaße und -durchmesser Rohrfallen in cm	Dachs, Fuchs, Marderhund, Nutria, Waschbär: 130 cm Länge, 25 cm Durchmesser; Marder, WIld-kaninchen: 100 cm Länge, 15 cm Durchmesser
Katzen-/Hundefang im Zuge des Jagdschutzes	Ja, Fundsache. Die Tötung ist damit nicht zulässig.
Krähenfang	Nein
Bauartbedingt mögliche Massenfänge (kein Krähenfang, bsp. bestimmte Rohrfallentypen)	Ja
Zusätzliche Richtlinien des LJV, die über LJG und Durchführungsverordnung hinausgehen	Nein

MECKLENBURG-VORPOMMERN

Totfang zulässig	Ja, aber genehmigungspflichtig
Jagdschein berechtigt zur Fallenjagd	Ja
Sachkundelehrgang zusätzlich zum Jagdschein vorgeschrieben	Nein
Sachkundenachweis für Nichtjagdscheininhaber zur Ausübung der Fangjagd im befriedeten Bezirk erforderlich	Nein
Anzeige der Fangjagd im befriedeten Bezirk	Nein
Anzeige der Fangjagd im Revier	Nein

Technische Fallenprüfung oder Zulassung der Fallen	Nein
Fallenregistrierung	Nein
Legal zu fangende Wildarten im befriedeten Bezirk durch Grundstückseigentümer oder Nutzungsberechtigte	Fuchs, Steinmarder, Iltis, Wildkaninchen, Waschbär, Marderhund, Nutria
Tötung durch Grundstückseigentümer oder Nutzungsberechtigten	Ja (Sachkunde ist nach dem Tierschutzgesetz immer erforderlich)
Mindestanforderungen Eiabzugeisen	K. A.
Mindestanforderung Kleiner Schwanenhals	K. A.
Mindestanforderung Mittlerer Schwanenhals	K. A.
Mindestanforderung Großer Schwanenhals	K. A.
Zulässigkeit von Schlagfallen nach Conibear-Bauart	Ja
Kontrolle Totfang	K. A.
Abfangen über § 4 TierSchG näher definiert	Nein
Drahtgitterfallen (Ausnahme Jungfuchsfallen)	Ja
Mindestmaße Kastenfallen in cm	K. A.
Mindestmaße Wieselwipprettfallen (L × b × h × h)	K. A.
Mindestmaße und -durchmesser Rohrfallen in cm	K. A.
Kontrolle Lebendfang (außer Wieselwipprett, üblicherweise mittags und abends/alle 6 Std.)	K. A.
Jungfuchsfallen aus Drahtgeflecht	Ja
Katzen-/Hundefang im Zuge des Jagdschutzes	Ja, sofern außerhalb Schutzradius
Krähenfang	Nein
Bauartbedingt mögliche Massenfänge (kein Krähenfang, bsp. bestimmte Rohrfallentypen, Jungfuchsfallen)	Ja
Zusätzliche Richtlinien des LJV, die über LJG und Durchführungsverordnung hinausgehen	Nein

NIEDERSACHSEN

Totfang zulässig	Ja
Jagdschein berechtigt zur Fallenjagd	Nein
Sachkundelehrgang zusätzlich zum Jagdschein vorgeschrieben	Ja
Sachkundenachweis für Nichtjagdscheininhaber zur Ausübung der Fangjagd im befriedeten Bezirk erforderlich	Ja
Anzeige der Fangjagd im befriedeten Bezirk	Nein
Anzeige der Fangjagd im Revier	Nein

<table>
<tr><td>Technische Fallenprüfung oder Zulassung der Fallen</td><td colspan="2">Ja, aber es sind alle Fallen zugelassen, die in einem anderen Bundesland zugelassen sind oder von der DEVA geprüft wurden</td></tr>
<tr><td>Fallenregistrierung</td><td colspan="2">Nein</td></tr>
<tr><td>Legal zu fangende Wildarten im befriedeten Bezirk durch Grundstückseigentümer oder Nutzungsberechtigte</td><td colspan="2">Fuchs, Marder, Iltis, Hermelin, Waschbär, Marderhund, Mink, Nutria, Wildkaninchen</td></tr>
<tr><td>Tötung durch Grundstückseigentümer oder Nutzungsberechtigten</td><td colspan="2">Ja (Sachkunde ist nach dem Tierschutzgesetz immer erforderlich)</td></tr>
<tr><td>Mindestanforderungen Eiabzugeisen</td><td>K. A.</td><td rowspan="4">Es sind alle Fallen zugelassen, die in einem anderen Bundesland zugelassen sind oder von der DEVA geprüft wurden.</td></tr>
<tr><td>Mindestanforderung Kleiner Schwanenhals</td><td>K. A.</td></tr>
<tr><td>Mindestanforderung Mittlerer Schwanenhals</td><td>K. A.</td></tr>
<tr><td>Mindestanforderung Großer Schwanenhals</td><td>K. A.</td></tr>
<tr><td>Zulässigkeit von Schlagfallen nach Conibear-Bauart</td><td colspan="2">Ja (Fangeräte sind zulässig, wenn sie die Anforderungen in einem anderen Bundesland erfüllen)</td></tr>
<tr><td>Kontrolle Totfang</td><td colspan="2">K. A.</td></tr>
<tr><td>Abfangen über § 4 TierSchG näher definiert</td><td colspan="2">Nein</td></tr>
<tr><td>Drahtgitterfallen (Ausnahme Jungfuchsfallen)</td><td colspan="2">Ja</td></tr>
<tr><td>Mindestmaße Kastenfallen in cm</td><td colspan="2">K. A.</td></tr>
<tr><td>Mindestmaße Wieselwipprettfallen (L × b × h × h)</td><td colspan="2">K. A.</td></tr>
<tr><td>Mindestmaße und -durchmesser Rohrfallen in cm</td><td colspan="2">K. A.</td></tr>
<tr><td>Kontrolle Lebendfang (außer Wieselwipprett, üblicherweise mittags und abends/alle 6 Std.)</td><td colspan="2">K. A.</td></tr>
<tr><td>Jungfuchsfallen aus Drahtgeflecht</td><td colspan="2">Ja</td></tr>
<tr><td>Katzen-/Hundefang im Zuge des Jagdschutzes</td><td colspan="2">Ja, sofern außerhalb Schutzradius</td></tr>
<tr><td>Krähenfang</td><td colspan="2">Nein</td></tr>
<tr><td>Bauartbedingt mögliche Massenfänge (kein Krähenfang, bsp. bestimmte Rohrfallentypen, Jungfuchsfallen)</td><td colspan="2">Ja</td></tr>
<tr><td>Zusätzliche Richtlinien des LJV, die über LJG und Durchführungsverordnung hinausgehen</td><td colspan="2">Ja</td></tr>
</table>

NORDRHEIN-WESTFALEN

Totfang zulässig	Nein
Jagdschein berechtigt zur Fallenjagd	Nein
Sachkundelehrgang zusätzlich zum Jagdschein vorgeschrieben	Ja (Fangjagdlehrgang)
Sachkundenachweis für Nichtjagdscheininhaber zur Ausübung der Fangjagd im befriedeten Bezirk erforderlich	Ja (Jäger- oder Falknerprüfung)
Anzeige der Fangjagd im befriedeten Bezirk	Nein (beim Fang von Wildkaninchen, alles andere ist genehmigungspflichtig)

Anzeige der Fangjagd im Revier	Ja (Anzahl, Bauart, Kennzeichnung, Einsatzort)
Technische Fallenprüfung oder Zulassung der Fallen	Nein
Fallenregistrierung	Ja (durch UJB)
Legal zu fangende Wildarten im befriedeten Bezirk durch Grundstückseigentümer oder Nutzungsberechtigte	Wildkaninchen, durch sachkundige Eigentümer und Nutzungsberechtigte und sachkundige Beauftragte
Tötung durch Grundstückseigentümer oder Nutzungsberechtigten	Ja (Sachkunde ist nach dem Tierschutzgesetz immer erforderlich)
Mindestanforderungen Eiabzugeisen	Verboten
Mindestanforderung Kleiner Schwanenhals	Verboten
Mindestanforderung Mittlerer Schwanenhals	Verboten
Mindestanforderung Großer Schwanenhals	Verboten
Zulässigkeit von Schlagfallen nach Conibear-Bauart	Verboten
Kontrolle Totfang	Totfang von Wild verboten
Abfangen über § 4 TierSchG näher definiert	Nein
Drahtgitterfallen (Ausnahme Jungfuchsfallen)	Ja, aber mit Abdunkelung
Mindestmaße Kastenfallen in cm	LJV-Richtlinien
Mindestmaße Wieselwipprettfallen (L × b × h × h)	80 × 10 × 15
Mindestmaße und -durchmesser Rohrfallen in cm	LJV-Richtlinien
Kontrolle Lebendfang (außer Wieselwipprett, üblicherweise mittags und abends/alle 6 Std.)	Lebendfallen müssen mit elektronischem Meldesystem mit Funktion "Statusmeldung" ausgestattet sein, soweit keine techn. Gründe (Funkloch) entgegenstehen. Statusmeldung muss morgens und abends übermittelt werden. Tgl. Kontrolle morgens und abends vorgeschrieben, außer Fallen sind mit Meldern ausgerüstet, die die Statusmeldung senden. Tiere sind unverzüglich nach Fangmeldung zu entnehmen.
Jungfuchsfallen aus Drahtgeflecht	Ja, nur Einzelfang
Katzen-/Hundefang im Zuge des Jagdschutzes	Wildernde Katzen nicht im Bereich Jagdschutz, wildernde Hunde ja
Krähenfang	Nein
Bauartbedingt mögliche Massenfänge (kein Krähenfang, bsp. bestimmte Rohrfallentypen, Jungfuchsfallen)	Nein
Zusätzliche Richtlinien des LJV, die über LJG und Durchführungsverordnung hinausgehen	Ja, LJV-Richtlinie

RHEINLAND-PFALZ

Totfang zulässig	Ja (nach Genehmigung der Jagdbehörde)
Jagdschein berechtigt zur Fallenjagd	Ja (wenn nach 1.4.1996 abgelegt)

Sachkundelehrgang zusätzlich zum Jagdschein vorgeschrieben	Ja (wenn vor 1.4.1996 abgelegt)	
Sachkundenachweis für Nichtjagdscheininhaber zur Ausübung der Fangjagd im befriedeten Bezirk erforderlich	Ja	
Anzeige der Fangjagd im befriedeten Bezirk	Ja (sogar genehmigungspflichtig)	
Anzeige der Fangjagd im Revier	nur Totfang	
Technische Fallenprüfung oder Zulassung der Fallen	Nein	
Fallenregistrierung	Nein	
Legal zu fangende Wildarten im befriedeten Bezirk durch Grundstückseigentümer oder Nutzungsberechtigte	Je nach Umfang der Genehmigung, wenn sofort tötende Fallen eingesetzt werden, dürfen diese nur durch den Berechtigten betrieben werden	
Tötung durch Grundstückseigentümer oder Nutzungsberechtigten	Ja, sofern von der erforderlichen Genehmigung umfasst (Sachkunde ist nach dem Tierschutzgesetz immer erforderlich), beim Lebendfang ist eine Tötung nur durch Jäger möglich	
Mindestanforderungen Eiabzugeisen	150 N über den losen Bügel, nicht in Iltislebensräumen	
Mindestanforderung Kleiner Schwanenhals	175 N über die Achse	
Mindestanforderung Mittlerer Schwanenhals	200 N über den losen Bügel	nicht in Lebensräumen von Wildkatze, Fischotter und Waschbär
Mindestanforderung Großer Schwanenhals	300 N über die Achse	
Zulässigkeit von Schlagfallen nach Conibear-Bauart	Nein	
Kontrolle Totfang	1 mal täglich	
Abfangen über § 4 TierSchG näher definiert	Nein	
Drahtgitterfallen (Ausnahme Jungfuchsfallen)	Ja, wenn vollständig abgedunkelt	
Mindestmaße Kastenfallen in cm	Keine Mindestmaße	
Mindestmaße Wieselwipprettfallen (L × b × h × h)	Keine Mindestmaße	
Mindestmaße und -durchmesser Rohrfallen in cm	Keine Mindestmaße	
Kontrolle Lebendfang (außer Wieselwipprett, üblicherweise mittags und abends/alle 6 Std.)	1 mal täglich morgens, Wieselwippbrettfallen 2 mal täglich (mittags und abends)	
Jungfuchsfallen aus Drahtgeflecht	Ja, wenn gefangene Jungfüchse gegen Witterungseinflüsse geschützt sind	
Katzen-/Hundefang im Zuge des Jagdschutzes	Ja, jedoch dürfen sie nicht getötet werden	
Krähenfang	Nein	
Bauartbedingt mögliche Massenfänge (kein Krähenfang, bsp. bestimmte Rohrfallentypen, Jungfuchsfallen)	Ja	
Zusätzliche Richtlinien des LJV, die über LJG und Durchführungsverordnung hinausgehen	Ja, siehe auch Hinweise in vorgenannten Punkten	

SAARLAND

Totfang zulässig	Nein
Jagdschein berechtigt zur Fallenjagd	Nein
Sachkundelehrgang zusätzlich zum Jagdschein vorgeschrieben	Ja
Sachkundenachweis für Nichtjagdscheininhaber zur Ausübung der Fangjagd im befriedeten Bezirk erforderlich	Ja
Anzeige der Fangjagd im befriedeten Bezirk	Nein
Anzeige der Fangjagd im Revier	Nein
Technische Fallenprüfung oder Zulassung der Fallen	Nein
Fallenregistrierung	Nein
Legal zu fangende Wildarten im befriedeten Bezirk durch Grundstückseigentümer oder Nutzungsberechtigte	Haarraubwild und Wildkaninchen zur Schadensabwehr
Tötung durch Grundstückseigentümer oder Nutzungsberechtigten	Ja (Sachkunde ist nach dem Tierschutzgesetz immer erforderlich)
Mindestanforderungen Eiabzugeisen	nicht zulässig
Mindestanforderung Kleiner Schwanenhals	nicht zulässig
Mindestanforderung Mittlerer Schwanenhals	nicht zulässig
Mindestanforderung Großer Schwanenhals	nicht zulässig
Zulässigkeit von Schlagfallen nach Conibear-Bauart	Nein
Kontrolle Totfang	K. A.
Abfangen über § 4 TierSchG näher definiert	Nein
Drahtgitterfallen (Ausnahme Jungfuchsfallen)	K. A.
Mindestmaße Kastenfallen in cm	K. A.
Mindestmaße Wieselwipprettfallen (L × b × h × h)	K. A.
Mindestmaße und -durchmesser Rohrfallen in cm	K. A.
Kontrolle Lebendfang (außer Wieselwipprett, üblicherweise mittags und abends/alle 6 Std.)	K. A.
Jungfuchsfallen aus Drahtgeflecht	K. A.
Katzen-/Hundefang im Zuge des Jagdschutzes	Ja
Krähenfang	Nein
Bauartbedingt mögliche Massenfänge (kein Krähenfang, bsp. bestimmte Rohrfallentypen, Jungfuchsfallen)	Ja
Zusätzliche Richtlinien des LJV, die über LJG und Durchführungsverordnung hinausgehen	Nein

SACHSEN

Totfang zulässig	Nein nur mit gesonderter Genehmigung der Jagdbehörde auf Antrag
Jagdschein berechtigt zur Fallenjagd	Ja
Sachkundelehrgang zusätzlich zum Jagdschein vorgeschrieben	Nein
Sachkundenachweis für Nichtjagdscheininhaber zur Ausübung der Fangjagd im befriedeten Bezirk erforderlich	Nein
Anzeige der Fangjagd im befriedeten Bezirk	Nein
Anzeige der Fangjagd im Revier	Nein
Technische Fallenprüfung oder Zulassung der Fallen	Nein
Fallenregistrierung	Nein
Legal zu fangende Wildarten im befriedeten Bezirk durch Grundstückseigentümer oder Nutzungsberechtigte	Dachs, Fuchs, Iltis, Marder, Mink, Nutria, Steinmarder, Waschbär, Marderhund, Wildkaninchen
Tötung durch Grundstückseigentümer oder Nutzungsberechtigten	Ja (Sachkunde ist nach dem Tierschutzgesetz immer erforderlich)
Mindestanforderungen Eiabzugeisen	nicht zulässig, nur mit gesonderter Genehmigung der Jagdbehörde auf Antrag.
Mindestanforderung Kleiner Schwanenhals	
Mindestanforderung Mittlerer Schwanenhals	
Mindestanforderung Großer Schwanenhals	
Zulässigkeit von Schlagfallen nach Conibear-Bauart	
Kontrolle Totfang	
Abfangen über § 4 TierSchG näher definiert	Nein
Drahtgitterfallen (Ausnahme Jungfuchsfallen)	K. A.
Mindestmaße Kastenfallen in cm	K. A.
Mindestmaße Wieselwipprettfallen (L × b × h × h)	K. A.
Mindestmaße und -durchmesser Rohrfallen in cm	K. A.
Kontrolle Lebendfang (außer Wieselwipprett, üblicherweise mittags und abends/alle 6 Std.)	K. A.
Jungfuchsfallen aus Drahtgeflecht	K. A.
Katzen-/Hundefang im Zuge des Jagdschutzes	Ja, sofern außerhalb Schutzradius von 300 m
Krähenfang	Nein
Bauartbedingt mögliche Massenfänge (kein Krähenfang, bsp. bestimmte Rohrfallentypen, Jungfuchsfallen)	Ja
Zusätzliche Richtlinien des LJV, die über LJG und Durchführungsverordnung hinausgehen	Nein
Fangjagd auf Schwarzwild zulässig	Siehe § 4a Sächsische Jagdverordnung

SACHSEN-ANHALT

Totfang zulässig	Ja (ausgenommen Natura 2000-Gebiete)
Jagdschein berechtigt zur Fallenjagd	Ja
Sachkundelehrgang zusätzlich zum Jagdschein vorgeschrieben	Nein
Sachkundenachweis für Nichtjagdscheininhaber zur Ausübung der Fangjagd im befriedeten Bezirk erforderlich	Nein
Anzeige der Fangjagd im befriedeten Bezirk	Nein
Anzeige der Fangjagd im Revier	Nein
Technische Fallenprüfung oder Zulassung der Fallen	Nein
Fallenregistrierung	Nein
Legal zu fangende Wildarten im befriedeten Bezirk durch Grundstückseigentümer oder Nutzungsberechtigte	Fuchs, Steinmarder, Mink, Nutria, Waschbär, Marderhund, Kaninchen
Tötung durch Grundstückseigentümer oder Nutzungsberechtigten	Ja (Sachkunde ist nach dem Tierschutzgesetz immer erforderlich)
Mindestanforderungen Eiabzugeisen	K. A.
Mindestanforderung Kleiner Schwanenhals	K. A.
Mindestanforderung Mittlerer Schwanenhals	K. A.
Mindestanforderung Großer Schwanenhals	K. A.
Zulässigkeit von Schlagfallen nach Conibear-Bauart	Ja
Kontrolle Totfang	K. A.
Abfangen über § 4 TierSchG näher definiert	Nein
Drahtgitterfallen (Ausnahme Jungfuchsfallen)	K. A.
Mindestmaße Kastenfallen in cm	K. A.
Mindestmaße Wieselwipprettfallen (L × b × h × h)	K. A.
Mindestmaße und -durchmesser Rohrfallen in cm	K. A.
Kontrolle Lebendfang (außer Wieselwipprett, üblicherweise mittags und abends/alle 6 Std.)	K. A.
Jungfuchsfallen aus Drahtgeflecht	Ja
Katzen-/Hundefang im Zuge des Jagdschutzes	Ja, sofern außerhalb Schutzradius
Krähenfang	Nein
Bauartbedingt mögliche Massenfänge (kein Krähenfang, bsp. bestimmte Rohrfallentypen, Jungfuchsfallen)	Ja
Zusätzliche Richtlinien des LJV, die über LJG und Durchführungsverordnung hinausgehen	Nein

SCHLESWIG-HOLSTEIN

Totfang zulässig	Ja
Jagdschein berechtigt zur Fallenjagd	Nein
Sachkundelehrgang zusätzlich zum Jagdschein vorgeschrieben	Ja
Sachkundenachweis für Nichtjagdscheininhaber zur Ausübung der Fangjagd im befriedeten Bezirk erforderlich	Ja (gleiche Vorschrift gilt)
Anzeige der Fangjagd im befriedeten Bezirk	Nein
Anzeige der Fangjagd im Revier	Nein, nur Registrierung von Fanggerät
Technische Fallenprüfung oder Zulassung der Fallen	Ja
Fallenregistrierung	Ja
Legal zu fangende Wildarten im befriedeten Bezirk durch Grundstückseigentümer oder Nutzungsberechtigte	Fuchs, Steinmarder und Wildkaninchen. Andere nach Entscheidung der Jagdbehörde.
Tötung durch Grundstückseigentümer oder Nutzungsberechtigten	Ja (Sachkunde ist nach dem Tierschutzgesetz immer erforderlich)
Mindestanforderungen Eiabzugeisen	bis 41 cm, 200 N
Mindestanforderung Kleiner Schwanenhals	41–51 cm, 225 N
Mindestanforderung Mittlerer Schwanenhals	51–66 cm, 250 N
Mindestanforderung Großer Schwanenhals	66–74 cm, 300 N
Zulässigkeit von Schlagfallen nach Conibear-Bauart	seit 1.1.2014 verboten (neue Fangjagdverordnung)
Kontrolle Totfang	2 mal täglich
Abfangen über § 4 TierSchG näher definiert	Nein
Drahtgitterfallen (Ausnahme Jungfuchsfallen)	Ja (nur mit Verblendung)
Mindestmaße Kastenfallen in cm	K. A.
Mindestmaße Wieselwipprettfallen (L × b × h × h)	nicht zulässig
Mindestmaße und -durchmesser Rohrfallen in cm	K. A.
Kontrolle Lebendfang (außer Wieselwipprett, üblicherweise mittags und abends/alle 6 Std.)	Ausnahme bei elektronischen Meldesystem (sog. Handymeldern). So ausgerüstete Fallen müssen erst nach Empfang einer Meldung über die Auslösung kontrolliert werden.
Jungfuchsfallen aus Drahtgeflecht	Ja
Katzen-/Hundefang im Zuge des Jagdschutzes	Ja, sofern außerhalb Schutzradius
Krähenfang	Nein
Bauartbedingt mögliche Massenfänge (kein Krähenfang, bsp. bestimmte Rohrfallentypen, Jungfuchsfallen)	Ja
Zusätzliche Richtlinien des LJV, die über LJG und Durchführungsverordnung hinausgehen	Ja

THÜRINGEN

Totfang zulässig	Nein
Jagdschein berechtigt zur Fallenjagd	Ja
Sachkundelehrgang zusätzlich zum Jagdschein vorgeschrieben	Nein
Sachkundenachweis für Nichtjagdscheininhaber zur Ausübung der Fangjagd im befriedeten Bezirk erforderlich	Nein
Anzeige der Fangjagd im befriedeten Bezirk	Ja
Anzeige der Fangjagd im Revier	Nein
Technische Fallenprüfung oder Zulassung der Fallen	Nein
Fallenregistrierung	Nein
Legal zu fangende Wildarten im befriedeten Bezirk durch Grundstückseigentümer oder Nutzungsberechtigte	Fang von Haarraubwild und Wildkaninchen durch Eigentümer oder Nutznießer befriedeter Flächen verboten
Tötung durch Grundstückseigentümer oder Nutzungsberechtigten	Ja (Sachkunde ist nach dem Tierschutzgesetz immer erforderlich)
Mindestanforderungen Eiabzugeisen	Totfangfallen verboten
Mindestanforderung Kleiner Schwanenhals	
Mindestanforderung Mittlerer Schwanenhals	
Mindestanforderung Großer Schwanenhals	
Zulässigkeit von Schlagfallen nach Conibear-Bauart	
Kontrolle Totfang	
Abfangen über § 4 TierSchG näher definiert	Nein
Drahtgitterfallen (Ausnahme Jungfuchsfallen)	Ja
Mindestmaße Kastenfallen in cm	K. A.
Mindestmaße Wieselwipprettfallen (L × b × h × h)	K. A.
Mindestmaße und -durchmesser Rohrfallen in cm	K. A.
Kontrolle Lebendfang (außer Wieselwipprett, üblicherweise mittags und abends/alle 6 Std.)	K. A.
Jungfuchsfallen aus Drahtgeflecht	Ja
Katzen-/Hundefang im Zuge des Jagdschutzes	Ja, sofern außerhalb Schutzradius; Verbot der Tötung von gefangenen Katzen
Krähenfang	Nein
Bauartbedingt mögliche Massenfänge (kein Krähenfang, bsp. bestimmte Rohrfallentypen, Jungfuchsfallen)	Ja
Zusätzliche Richtlinien des LJV, die über LJG und Durchführungsverordnung hinausgehen	Nein

REGISTER

DER AUTOR

Andre Westerkamp, geboren 1963, ist seit dem Kindesalter leidenschaftlicher Tierbeobachter und sammelte früh eigene Erfahrungen mit der Aufzucht verwaister Jungtiere. Nach einem Praktikum auf der Vogelwarte Helgoland machte er seine Passion für Wildtiere zum Beruf und schloss 1980 die Ausbildung zum staatlich geprüften Tierpräparator ab. Nach 1986 übte er diesen Beruf viele Jahre als Selbstständiger aus, 2003 wurde er zum Landesgruppensprecher des Verbands Deutscher Präparatoren (VDP) gewählt.
Die Begeisterung für die Jagd und insbesondere die Fangjagd ließ Andre Westerkamp früh an der Entwicklung neuer, effektiver und tierschutzgerechter Fallen bis zur Produktionsreife arbeiten. 1992 meldete er das Patent für die WeKa-Falle (Westerkamp-Kastenfalle) an. Mit zahlreichen eigenen Fallentypen und einem ausgereiften Fangmeldesystem verlieh er auch in den Folgejahren der technischen Weiterentwicklung einer tierschutzkonformen und effektiven Fangjagd entscheidende Impulse.
Sein Praxiswissen gibt Andre Westerkamp jahrelang in einer eigenen Fangjagschule und als Jungjägerausbilder sowie auf Fangjagd-Seminaren weiter. Heute ist der Verfasser als Unternehmer, Referent und Seminarleiter im Bereich der Fallenjagd tätig.
Weitere Informationen: https://www.andre-westerkamp.de/lehrgange-und-seminare/

BILDNACHWEIS

Mit 272 Farbfotos des Verfassers (226; alle nicht separat aufgeführten) sowie von Andreas Barth: S. 99 Nr. 01; Frank Hecker: S. 19; Horst Jegen: S. 151; Krause Johansen S. 138 o.; Norbert Klups: S. 70; Werner Nagel: S. 127; Carsten Samleben: S. 123 u. r.; Klaus Schmidt (2): S. 26, 101 u. r.; Marco Soltau (3): S. 90/91 Nr. 03,04; Thomas Vennekel (5): S. 82/83 alle; Karl-Heinz Volkmar (4): S. 21, 25 l., 61 o., 140/141; Hermann Wagner: S. 46 o.; Stephan Wunderlich (2): S. 156 beide; Adobe/Jenny Thompson: S. 166/167; Adobe/vschlichting S. 9; Adobe/JürgenFälchle S. 20; Adobe/desertsands S. 25 r.; Adobe/creativenature.nl: S. 118/119; Adobe/John Rakestraw: S. 38/39; Adobe/Lioneska: S. 76/77; Adobe/robert: S. 138 u.; Shutetrstock/rdonar S. 8; Shutterstock/Barbora Polivkova: S. 50 o. l.; Shutterstock/Colin Seddon: S. 72 o.; Shutterstock/Inger Edvinsen: S. 78; Shutterstock/Jamie Hall: S. 5; Shutterstock/Krasula: S. 131; Shutterstock/lara-sh: S. 11; Shutterstock/Lukas/Vejrik: S. 71 o.; Shutterstock/MMCez: S. 15; Shutterstock/Norenko Andrey: S. 29; Shutterstock/Rudmer Zwerver: S. 17; Shutterstock/Stefan Holm: S. 159; Shutterstock/Valmedia: S. 6/7; Shutterstock/Werner Rebel: S. 177
Mit 7 Illustrationen von Caritas-Werkstatt St. Johannesberg S. 92; Karl Schneider: S. 11; Wilfried Sloman (3): S. 154, 158, 160; Archiv: S. 10, S. 47

IMPRESSUM

Umschlaggestaltung von Büro Jorge Schmidt
unter Verwendung von 1 Farbfoto von AdobeStock/szczepank

Mit 272 Farbfotos, 5 Farb- und 2 Schwarzweißzeichnungen

Gedruckt auf chlorfrei gebleichtem Papier

ISBN 978-3-440-18424-0
Projektleitung: Ekkehard Ophoven
Redaktion: Ekkehard Ophoven, Markus Lück
Gestaltungskonzept: Peter Schmidt Group GmbH, Hamburg
Gestaltung und Satz: DOPPELPUNKT, Stuttgart; typopoint GbR, Ostfildern
Produktion: Vanessa Frömmig
Druck und Bindung: Westermann Druck Zwickau GmbH, Zwickau
Printed in Germany / Imprimé en Allemagne

FSC
www.fsc.org
MIX
Papier | Fördert gute Waldnutzung
FSC® C110508